1時間でわかる
アクセス Access データベース超入門

今村ゆうこ 著

技術評論社

●本書について

「新感覚」のパソコン解説書

本書は「1時間で読める・わかる」をコンセプトに制作された、まったく新しいパソコン解説書です。「1時間でなにができる？」と疑問を感じているかもしれませんが、ビジネスの現場で必要とされるパソコンの操作はそれほど多くはありません。

ビジネスの現場で必要とされる操作に絞ることで、1時間で読んで理解することができるのです。

なお、本書は1時間で理解する範囲として2章（118ページ）までを「必読」のパート、それ以降の3章を「プラスα」のパートとして、分けています。

従来のパソコン書は具体的な操作解説が中心ですが、本書はコツやしくみの解説に重点を置いています。移動時間でもサッと読めるように、縦書きスタイルの読んで・わかる新感覚なパソコン解説書です。

しくみを知らずにアクセスを操作すると失敗する？

アクセスは非常に難しいソフトだと思って敬遠していませんか？　また、一度使ってみたけど、わけがわからず途中で投げ出してしまっていませんか？　実のところ、アクセスの利用はそれほど難しいものではありません。ただし、ワードやエクセルのように、いきなり初心者が扱えるものでもありません。**アクセスの利用には、アクセスの「コツやしくみ」を正しく理解することが、とにかく肝心です。本書は、このアクセスの「コツやしくみ」の解説のみ行っています。細かい操作にはほとんどページを割いていません。**

逆に、アクセスの「コツやしくみ」を正しく理解することができれば、あとは使いながらアクセスの操作は習得することができるでしょう。

本書はアクセス２０１６／２０１３／２０１０を対象としています。

目次

1章 アクセス&データベースの基本知識

2章 アクセスデータベース作成・運用

3章 データベースアプリケーションへの応用・発展

[サンプルファイルダウンロード]

本書の解説に利用しているAccessやExcelのファイルは以下のURLからダウンロードすることができます。

http://gihyo.jp/book/2017/978-4-7741-8615-3/support

ダウンロードするファイルは圧縮形式になっており、解凍すると、2章で扱っているファイルがChap2、3章で扱っているファイルがChap3、という名前のフォルダーになっています。また、フォルダーの中にはBeforeとAfterという名前のフォルダーが格納されており、Beforeフォルダーには操作前の、Afterフォルダーには操作後のファイルが格納されています。

[免責]

本書に記載された内容は、情報の提供のみを目的としています。したがって、本書を用いた運用は、必ずお客様自身の責任と判断によって行ってください。これらの情報の運用の結果について、技術評論社および著者はいかなる責任も負いません。

本書記載の情報は、2016年11月末日現在のものを掲載していますので、ご利用時には、変更されている場合もあります。

また、本書はWindows 10とAccess 2016を使って作成されており、2016年11月末日現在での最新バージョンをもとにしています。ソフトウェアはバージョンアップされる場合があり、本書での説明とは機能内容や画面図などが異なってしまうこともあり得ます。本書ご購入の前に、必ずバージョン番号をご確認ください。OSやソフトウェアのバージョンが異なることを理由とする、本書の返本、交換および返金には応じられませんので、あらかじめご了承ください。

以上の注意事項をご承諾いただいた上で、本書をご利用願います。これらの注意事項に関わる理由に基づく、返金、返本を含む、あらゆる対処を、技術評論社および著者は行いません。あらかじめ、ご承知おきください。

[商標・登録商標について]

1章

アクセス&データベースの基本知識

SECTION 01

データベースとは料理前の材料を保管する食材庫

必読

素材の特徴に合わせて、利用しやすい状態で保管する

アクセス(Access)とは、データベースソフトのひとつであり、**データベースとは、特定の形式で管理されているデータの集合体**のことを指す。

自宅の食材をどのように保管しているか思い浮かべてみよう。肉や魚は小分けにして冷蔵庫に、砂糖や塩はスプーン付きの容器に詰めて調味料棚へ、野菜は常温と冷蔵のものを区別して…。このように、素材ごとに利用しやすい方法で保管している棚や冷蔵庫をすべて集結させた、「保管庫」が、データベースにあたる。整理された保管庫では、欲しい素材を見付けやすく、使いやすい。さらに、保管庫から取り出した素材を使うことで、いろいろな種類の料理を作ることができる。

このように、データを属性や形式に添って分類・整理し、それをひとつの場所に集結させることで、さまざまな情報源とするものをデータベースと呼ぶ。

データベースは食材の保管庫

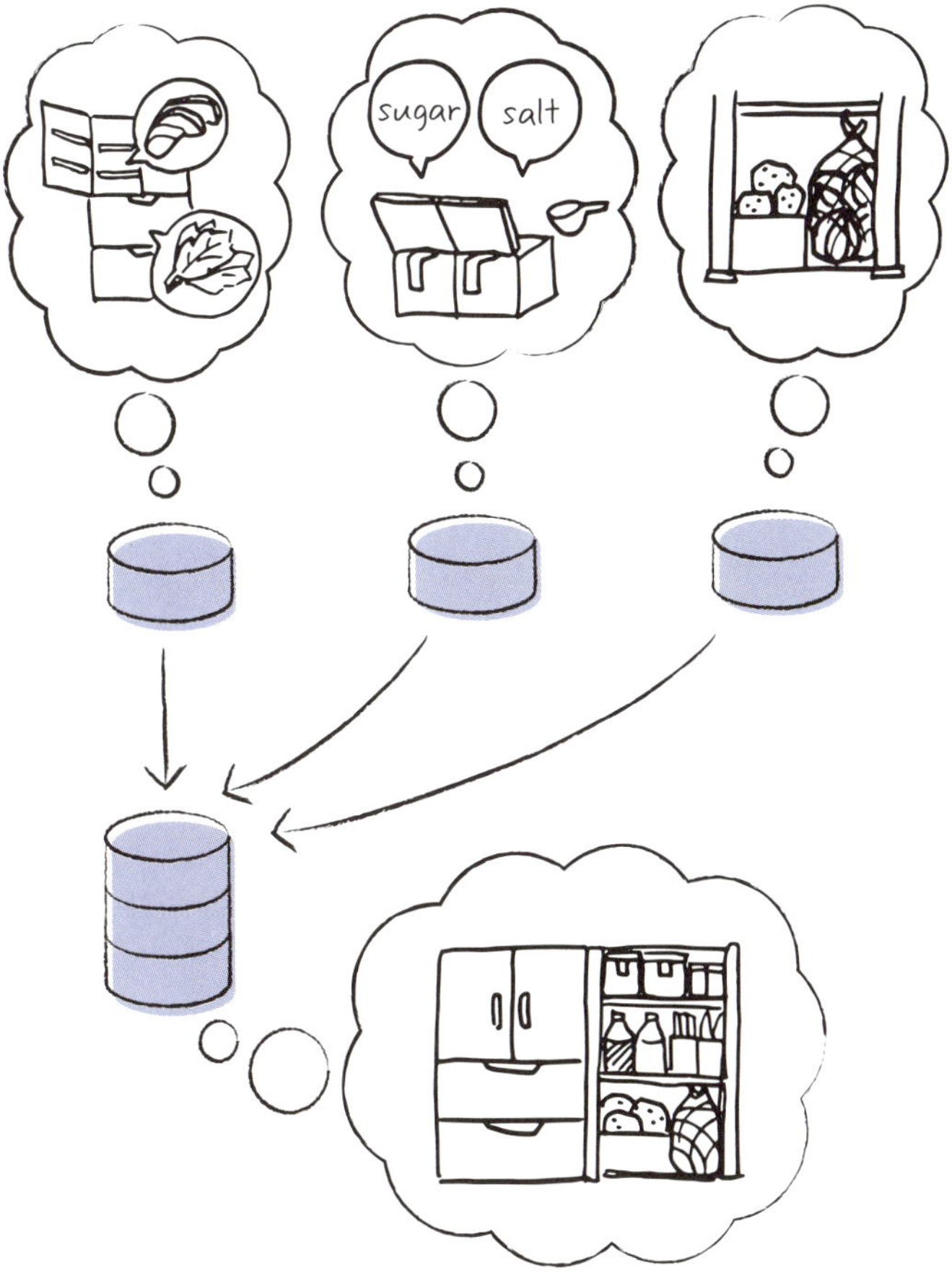

アクセスは、エクセルとどう違う？

アクセスがデータ管理に強いソフトなのはわかったが、エクセル（Ｅｘｃｅｌ）だってデータをたくさん格納できるし、代わりにはならないのか？

できないことはないが、不得意なのだ。エクセルでは、専用の保管庫を用意しても、予定していたものとは違うものを入れることができる。操作する人の好みや感覚で自由にレイアウトできるのが魅力だが、自由度の高さゆえに、データを整然と管理・維持することが難しい。

一方アクセスでは、保管庫には決まったものしか入れることができないしくみになっている。レイアウトの自由度は低いが、そのぶん非常に効率よくデータを格納できるため、大量データの蓄積・検索が得意なのである。

エクセルが得意なのは、データを並び替えたり計算したりする、「データ活用」だ。美しいビジュアルの表やグラフを作成し、配布資料や発表などさまざまな用途に使うことができる。アクセスはデータを「管理」して集計するのが得意で、伝票などの印刷物には対応できるが、グラフなどのビジュアル化は苦手だ。

アクセスとエクセルの得意分野

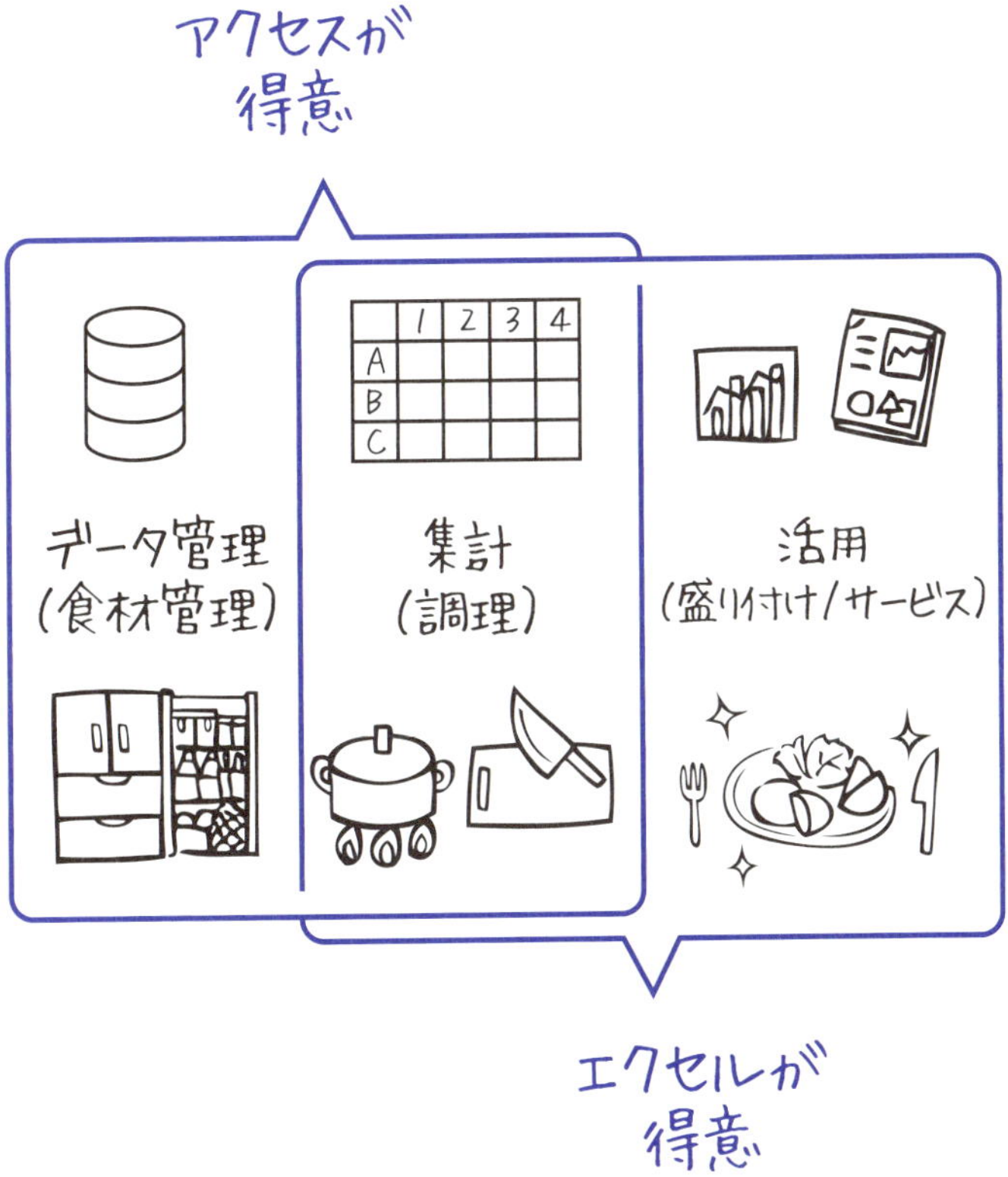

SECTION 02

データベースはアプリケーションの部品のひとつ

必読

アプリケーションの3つの役割

3層アーキテクチャーと呼ばれるアプリケーションのしくみがある。これは、データを「操作・閲覧」する部分と、操作を「処理」する部分、処理結果を「格納」する部分の3層に分かれて役割分担をしている、というしくみである。

たとえばブログでは、ユーザーがパソコンやスマートフォンから記事の内容を書いたり、好きな記事を選択して読んだりすることができる。この画面が「操作・閲覧」する部分で、**ユーザーインターフェース**と呼ばれる。

書いたり読んだりする文字情報を「格納」するのが**データベース**だ。ただし、データベースは材料の保管庫でしかないので、ここへ情報を書き込んだり、指示通りの情報を引き出したりなどの「処理」を行う橋渡し役が必要となる。この橋渡し役が**ビジネスロジック**と呼ばれる部分である。

3層アーキテクチャー

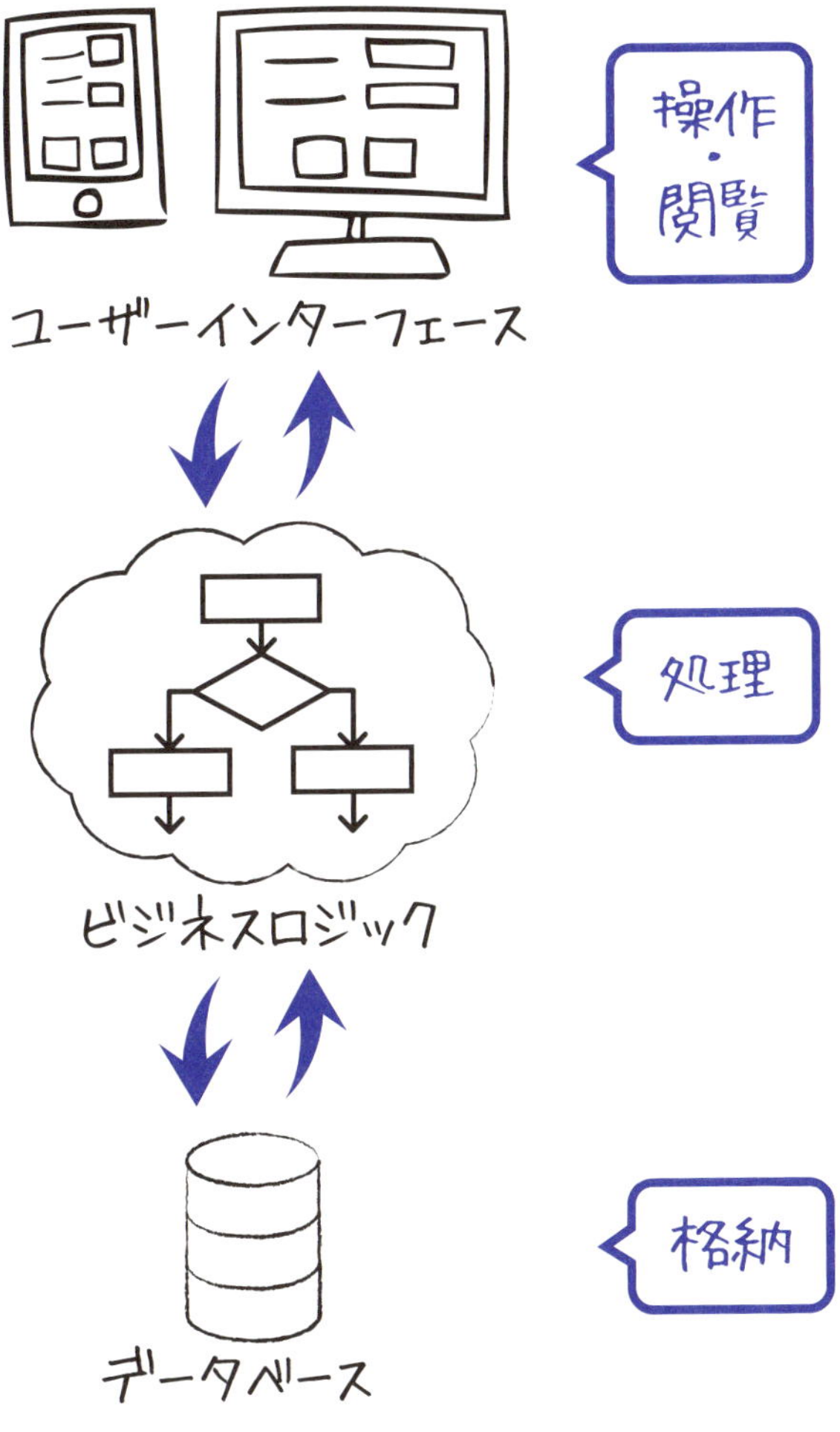

操作・閲覧を行う「ユーザーインターフェース」

私達が日常的に使っているさまざまな機械は、人間の言葉を理解しているわけではない。機械は電気信号によって制御されているが、それ自体を私達が理解して動かしているわけでもない。しかし、私達は非常に多くの電子機器を不自由なく操作し、言葉を喋るロボットやアプリとは会話までできる。

これを可能にしているのがユーザーインターフェースだ。機械からの情報をユーザーにわかりやすい形式で出力し、ユーザーが入力した情報を機械にわかりやすい形式で伝達する、**人間と機械の接点を支える技術**である。

ブログで考えてみると、私達が目にしている、パソコンやスマートフォンの画面に表示されているものがユーザーインターフェースである。ボタンにタッチしたり、文字を読み書きしたりする、私達が実際に触れて操作する部分である。また、文字やボタンの大きさや全体のレイアウトなど、「読みやすさ」「わかりやすさ」に関係するデザインの部分も、ユーザーインターフェースにとって大事な部分だ。

アクセスでは、「フォーム」「レポート」と呼ばれる機能を使って、データの入出力画面など、ユーザーインターフェースを作成することができる。

ユーザーインターフェース

操作した指示を処理する「ビジネスロジック」

ユーザーインターフェースはユーザーと機械の接点のための技術であり、データベースは材料の保管庫だ。ここで、ユーザーインターフェースを通じてやりとりされたデータを、データベースへ渡したり引き出したりする、中間の技術が必要となる。この技術をビジネスロジックと呼ぶ。

ブログで考えてみると、ある日にちの記事が読みたいとき、ユーザーインターフェースである画面上で日付を選んでボタンなどをクリックする。続いてその情報を、ビジネスロジックがデータベースへ伝え、抽出された指定のデータをユーザーインターフェースに渡す。その情報が再度ユーザーにわかりやすい形で、画面上に出力される。

アクセスでは、データを格納する「データベース」機能、ユーザーインターフェースの役割を持つ「フォーム」「レポート」機能に加え、「マクロ」「VBA」という機能を使ってビジネスロジックを作成することができる。

なお、アクセスの「フォーム」と「データベース」はロジック不要で一体と考えることもできるので、厳密にいうと1層と捉えることもできるのだが、本書で扱う解説では、便宜上3層アプリケーションと呼ぶこととする。

ビジネスロジック

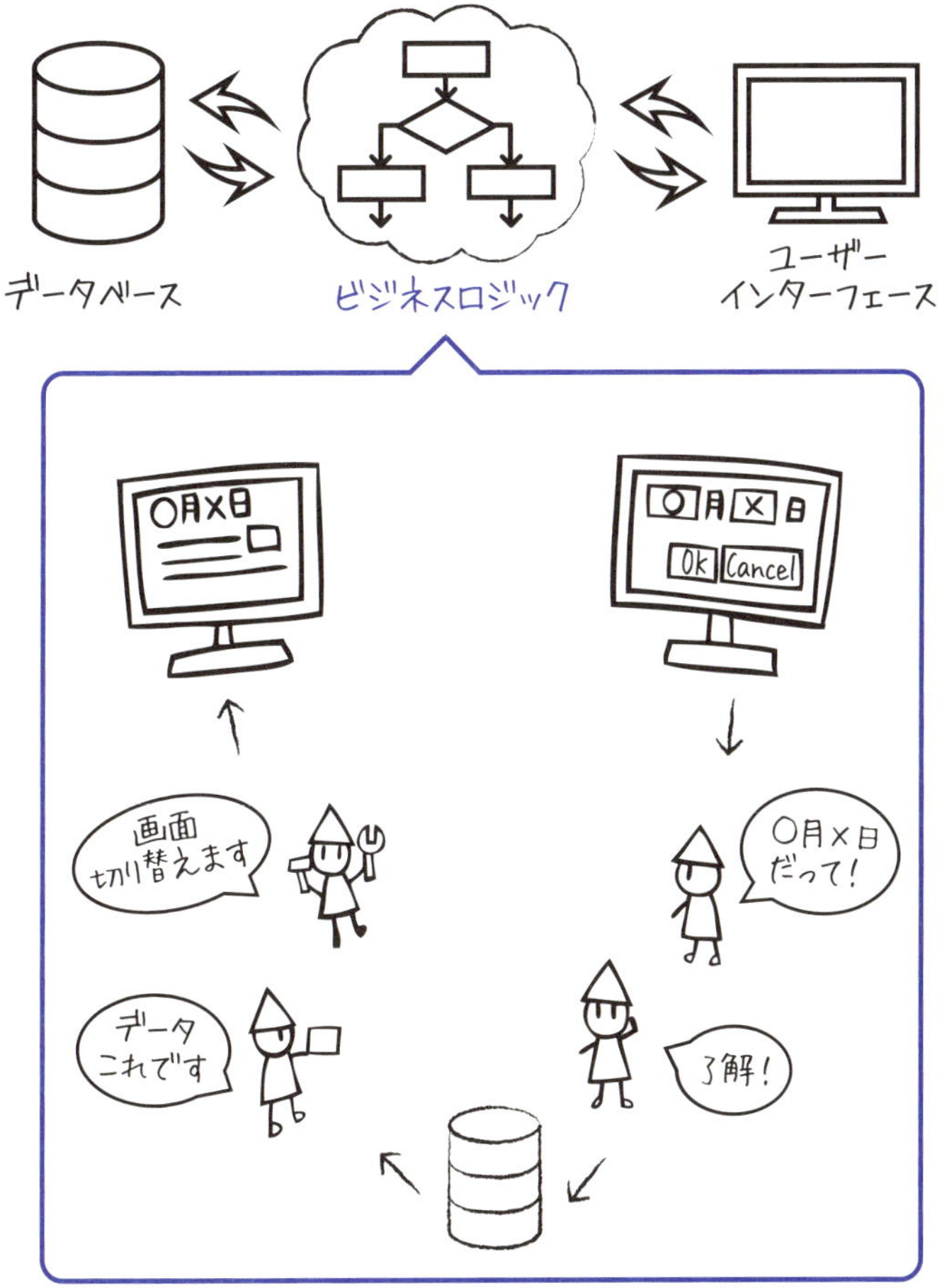
データベース
ビジネスロジック
ユーザー
インターフェース
〇月×日
〇月×日
Ok Cancel
画面
切り替えます
〇月×日
だって!
データ
これです
了解!

SECTION 03

アクセスには3つの利用法がある

必読

外部アプリと連携した3層アーキテクチャーの部品として

ここまで説明してきたように、アクセスは、ユーザーインターフェース、ビジネスロジック、データベース、3層すべての機能を持っており、それを使った3つの利用方法がある。まず1つ目の方法として、アクセスのデータベース機能だけを利用し、インターフェースとロジック部分を別のソフトで実装するという使い方がある。

アクセスは、専用サーバーで構築するような一般的なデータベースソフトに比べると、小規模向けはであるが安価で手軽に利用できるため、さまざまな外部アプリから連携して使われるケースもある。たとえば、インターフェースとロジック部分をエクセルで作成すると、用途によっては便利に使うことができる。12ページで解説したように、エクセルはアクセスよりもデータ活用に優れているからである。

アクセスのデータベースの機能だけを利用

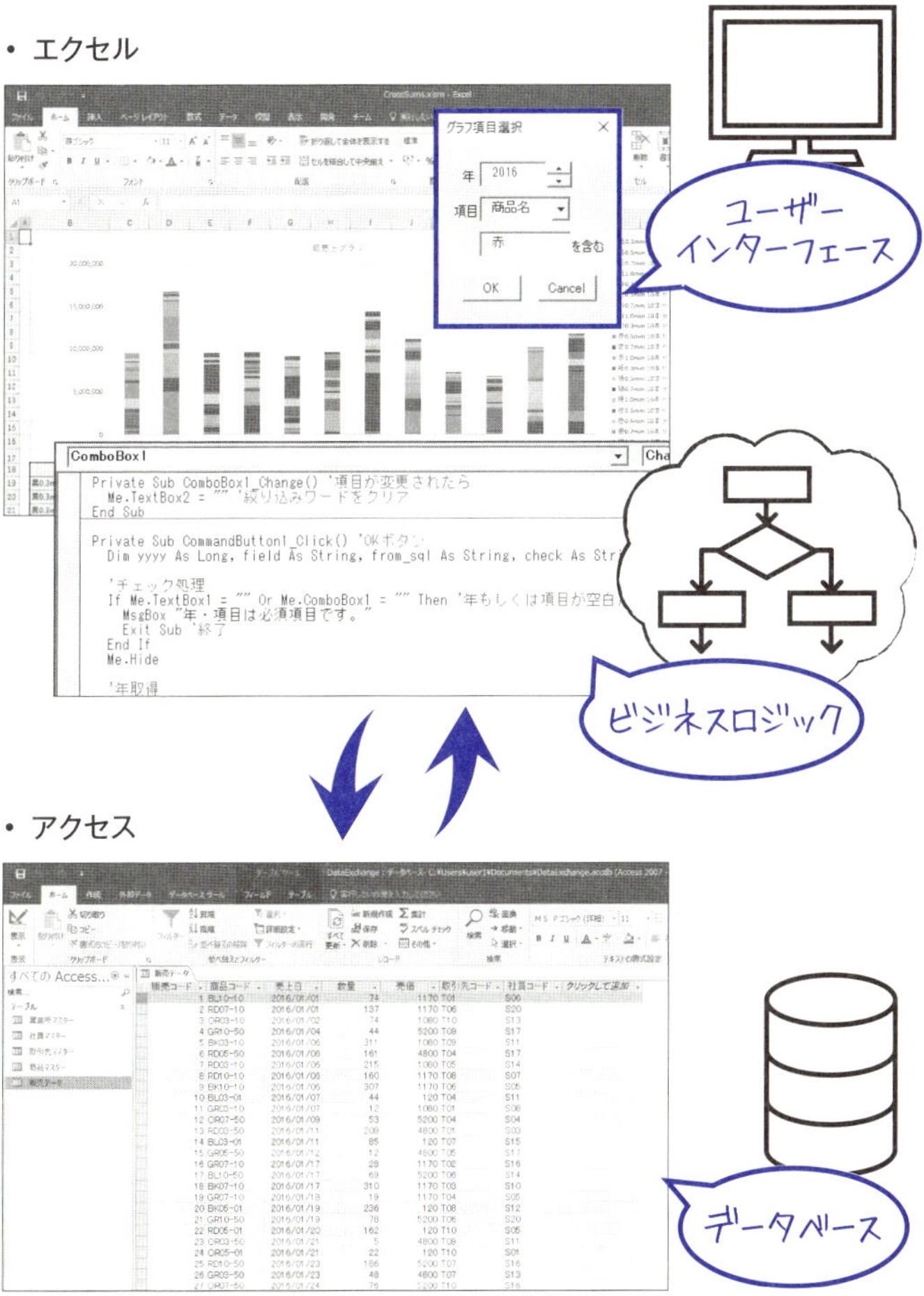

個人で使う単体データベースソフトとして

2つ目の利用方法は、主にデータベースの部分だけを利用する単体データベースとしての使い方である。

通常ユーザーがデータベースとやりとりするビジネスロジックの部分は、一般的にはプログラムコードで作成することが多い。同じく、ユーザーインターフェースもプログラミングしないまでも自分で作成する必要がある。

ところが、アクセスでは自分で作成しなくてもデータベースと情報をやりとりできる強力なビジュアル管理ツールが組み込まれている。たとえば、データベースから特定のデータだけを取り出したい場合、本来ならばプログラムコードを書かなければいけないところだが、ビジュアル管理ツールを使えば、マウスでドラッグしたり、日付を入力したりするだけで、アクセスが目的のデータを取り出してくれるのだ。

難しい知識がなくても、データベースソフトを利用できることは非常に便利である。初心者でも操作しやすいという点では、数あるデータベース管理ソフトのなかで、アクセスがもっともユーザーフレンドリーと言える。

単体データベース

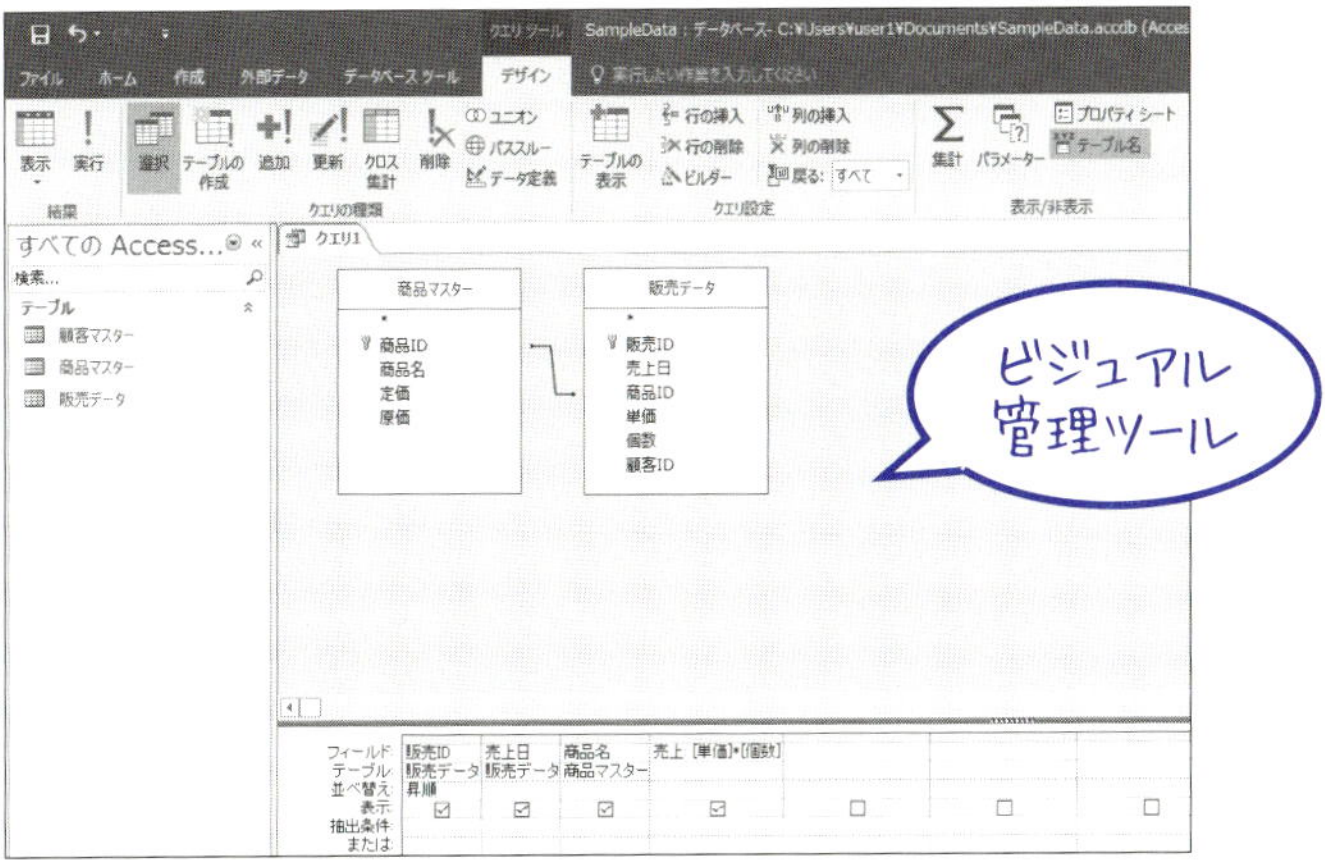

＋

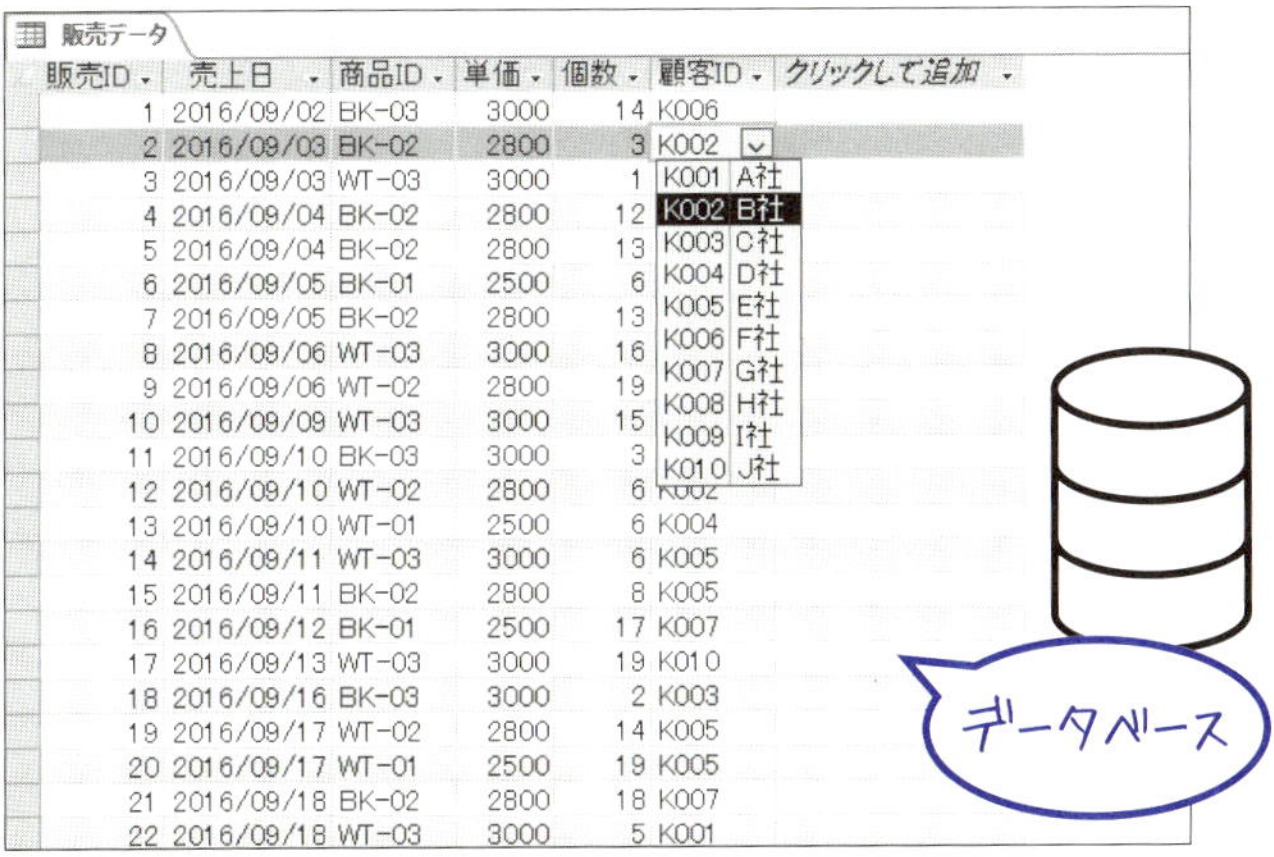

販売ID	売上日	商品ID	単価	個数	顧客ID	クリックして追加
1	2016/09/02	BK-03	3000	14	K006	
2	2016/09/03	BK-02	2800	3	K002	
3	2016/09/03	WT-03	3000	1		
4	2016/09/04	BK-02	2800	12		
5	2016/09/04	BK-02	2800	13		
6	2016/09/05	BK-01	2500	6		
7	2016/09/05	BK-02	2800	13		
8	2016/09/06	WT-03	3000	16		
9	2016/09/06	WT-02	2800	19		
10	2016/09/09	WT-03	3000	15		
11	2016/09/10	BK-03	3000	3		
12	2016/09/10	WT-02	2800	6	K002	
13	2016/09/10	WT-01	2500	6	K004	
14	2016/09/11	WT-03	3000	6	K005	
15	2016/09/11	BK-02	2800	8	K005	
16	2016/09/12	BK-01	2500	17	K007	
17	2016/09/13	WT-03	3000	19	K010	
18	2016/09/16	BK-03	3000	2	K003	
19	2016/09/17	WT-02	2800	14	K005	
20	2016/09/17	WT-01	2500	19	K005	
21	2016/09/18	BK-02	2800	18	K007	
22	2016/09/18	WT-03	3000	5	K001	

本格的なデータベースアプリケーションとして

３つ目の利用方法は、アクセス単体で3層アーキテクチャー構造のデータベースアプリケーションを構築できるということである。データを格納する「データベース」機能に、「フォーム」「レポート」機能によるユーザーインターフェースと、「ＶＢＡ」（ないしマクロ）によるビジネスロジックの３層である。

データベースにビジネスロジックとユーザーインターフェースを加えることで、より柔軟性・完成度の高いアプリケーションの作成が可能となるのだ。

ビジネスロジックとユーザーインターフェースを作成する労力は必要だが、その分、ユーザーの高い要求仕様を満たすことも可能になる。

ＶＢＡやマクロを使えば、インターフェース上でユーザーが選んだり入力したりした項目を使って、Ａなら処理１、Ｂなら処理２、というような分岐処理も実現することもできる。

アクセス単体で3層構造のアプリケーション

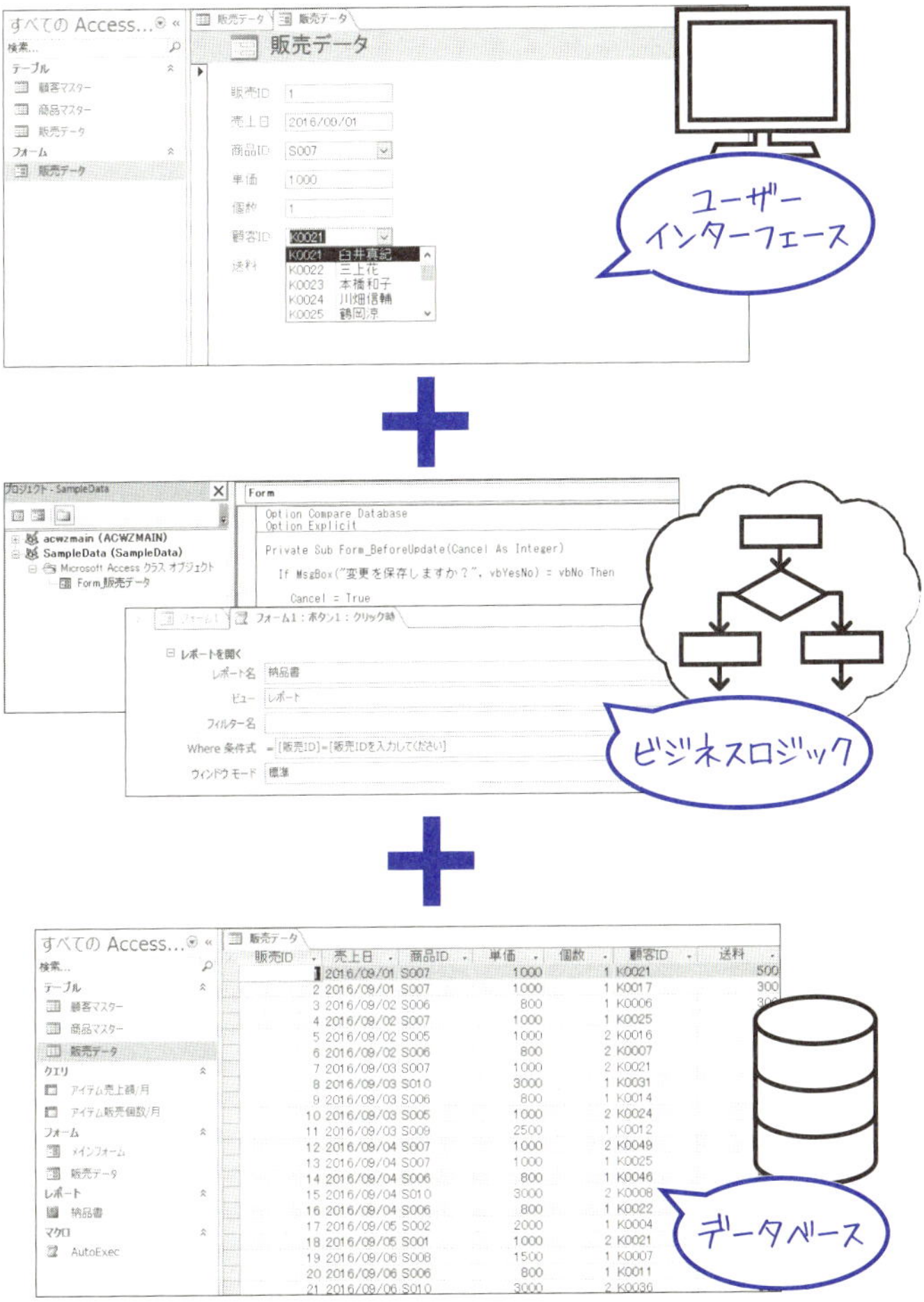

SECTION 04

アクセスの中でデータはどのように管理されるのか

必読

多機能ながら、1つのファイルで完結できる

アクセスは、1つのソフトウェアで3層アーキテクチャー構造までも実現できるほどに多くの機能を備えているが、1つのデータベースにつき、「accdb」という拡張子を持つ1つのファイルだけで管理できる。ここへロジックやインターフェース機能を追加しても、設定用のファイルが増えたりせず、1つのファイルですべてが完結するため、非常にわかりやすい。

たとえば動画編集ソフトなどでは、素材の写真や動画だけでなく、画像のどこを切り出したか、どのタイミングでどんな文字が表示されるのか、どこで画像が切り替わるのかなど、さまざまな情報を保存しておくプロジェクトファイルが自動生成される。これを知らずに間違って消したり、移動させたりしてしまい、正常に起動できなくなった経験がある人もいるかもしれない。

アクセスではこのようなリスクがないことも、扱いやすい理由のひとつである。

アクセスのファイル

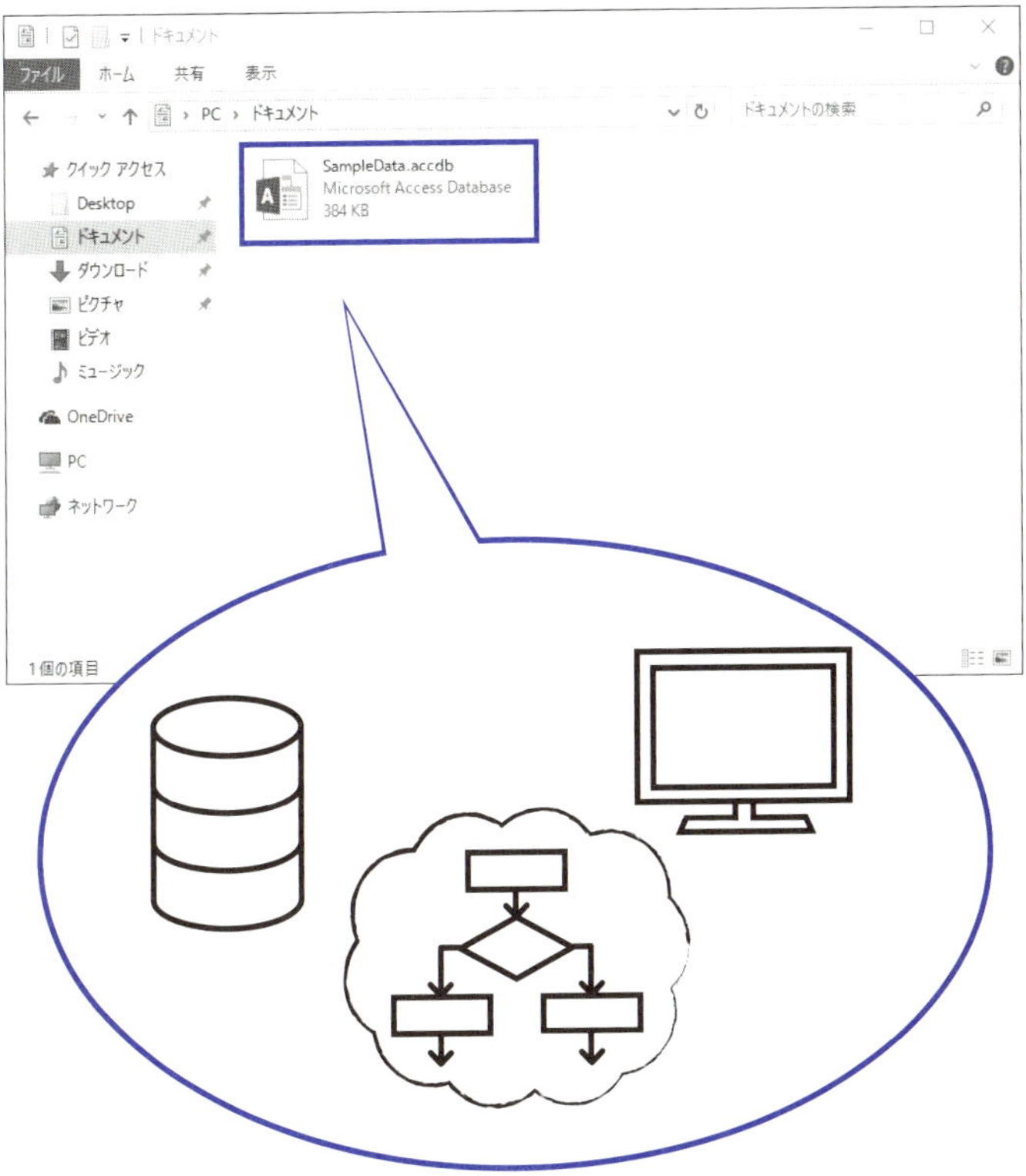

いろんな機能が入っていても
ファイルはひとつだけ!

データベースではデータを「テーブル」へ入れる

個々のデータを実際にアクセスのデータベースへ格納するとき、**テーブル**と呼ばれる表の中へ書き込んでいく。表は縦割りに使い、1列ごとに名前が付けられている。ところで、10ページでデータベースは食材の「保管庫」というたとえをしたが、ひところにすべての食材を無作為に格納してしまっては、使いやすいとは言いがたい。ものが増えると、探す時間が増えてしまう。そこで食材を関連のあるまとまりに分け、グループごとに別の棚を作って管理するのだ。

比較的よく使う賞味期限の短いもの、冷凍管理が必要なもの、使用頻度の低い保存食などもあるだろう。これらを「肉・魚」「アイスクリーム」「保存食」など、分類して名前を付けた棚へ収納すると管理しやすくなる。アクセスはデータをすべて同じ保管庫に保存するのではなく、**用途に応じて分類し適切なテーブルに分けて収納する。**

1つのデータベースで複数のテーブルを持つことができるので、関連性のある情報ごとにデータを分類して、それぞれを格納するテーブルを用意するのだ。

データベースとテーブル

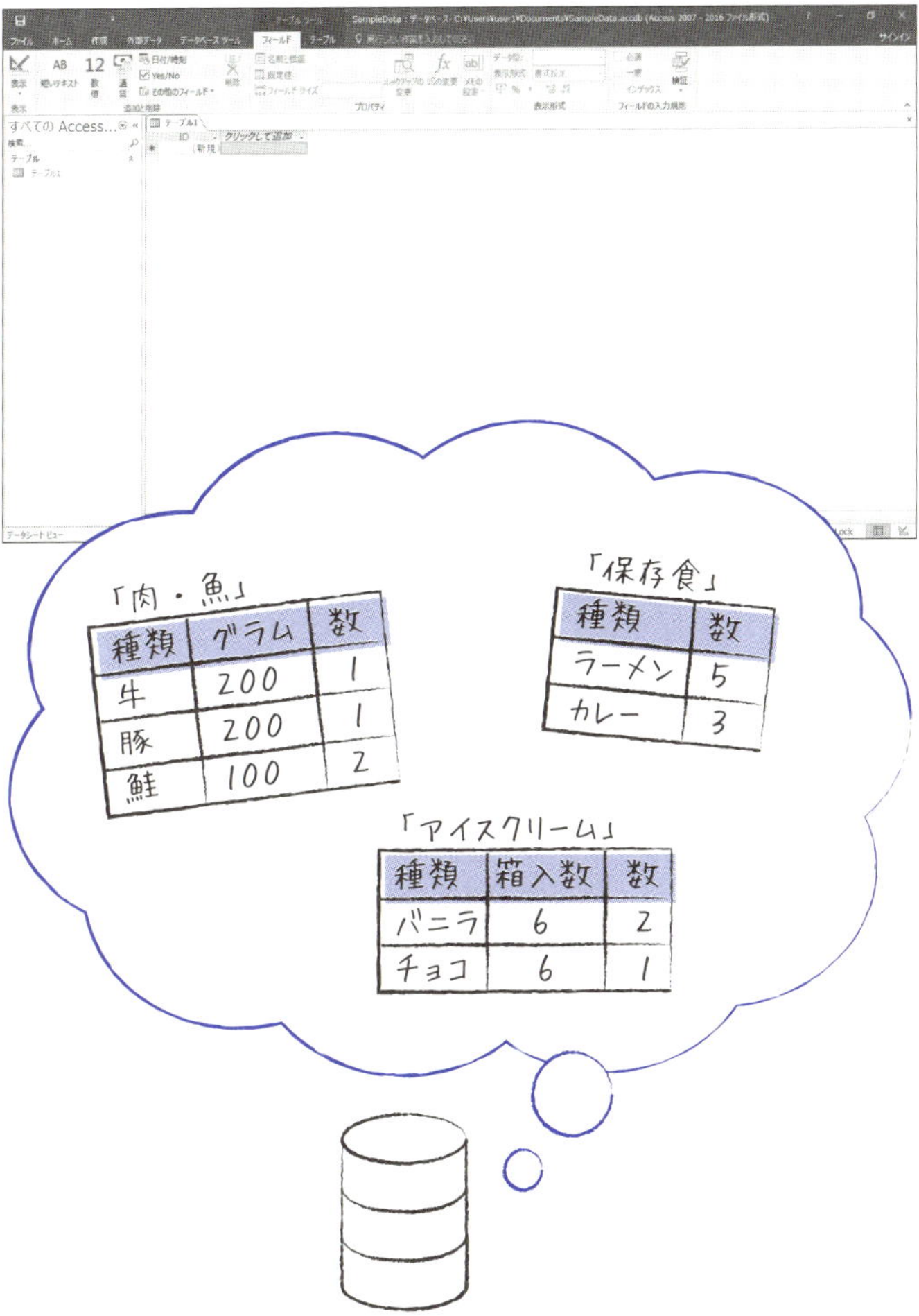

テーブルの中身、「フィールド」と「レコード」

それでは、テーブルの中身がどのような構造になっているのか見てみよう。テーブルは表のような形をしており、**縦方向（列）をフィールド、横方向（行）をレコード**と呼ぶ。

フィールドにはあらかじめ名前（フィールド名）を付けて、属性を設定しておくため、この縦方向（列）へは同じ属性のデータしか入れることができない。たとえば「入社日」というフィールド名で日付の属性を設定したフィールドには、社員名を入れることはできない。このため、誤入力を防ぎ、整然としたデータ管理ができる。

データベースでは、**すべてのフィールドを組み合わせた1行のレコードが、データの最小単位**として扱われる。社員ID、名前、入社日、住所、電話番号などがひとくくりになっているデータが1つの単位となるということだ。

1行のレコードが最小単位なので、備考など、場合によってはデータがないフィールドも存在することができる。データがない状態で登録されると困るフィールドには、空白を禁止にする設定をしておくことも必要である。

テーブルの構造

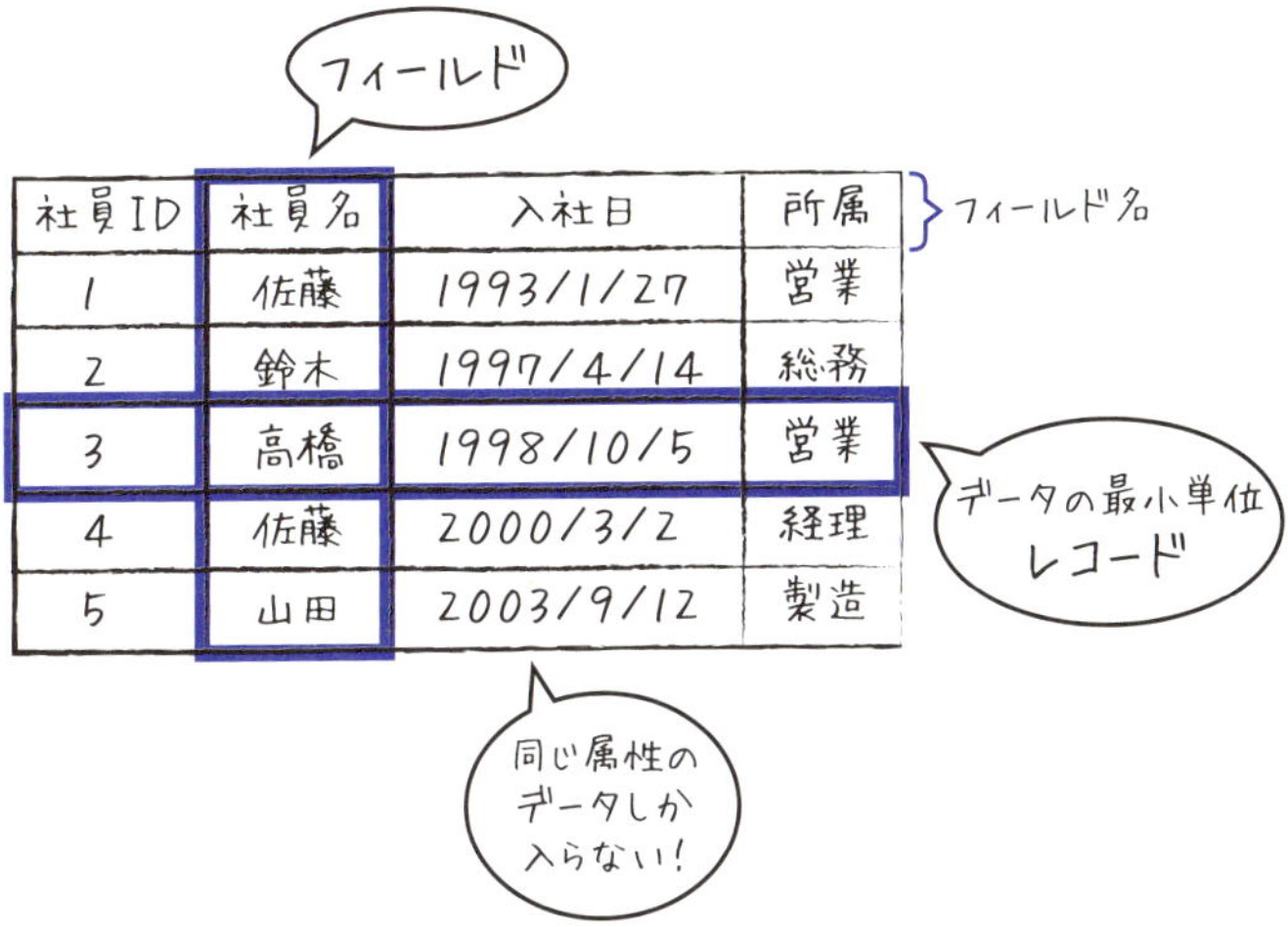

社員ID	社員名	入社日	所属
1	佐藤	1993/1/27	営業
2	鈴木	1997/4/14	総務
3	高橋	1998/10/5	営業
4	佐藤	2000/3/2	経理
5	山田	2003/9/12	製造

SUMMARY

- テーブル内で、
縦方向はフィールド、横方向はレコード
- レコードがデータの最小単位

SECTION 05

必読

テーブルを複数使ってデータを管理するメリット

情報が増えると、1つのテーブルでは非効率

28ページで、テーブルは関連性のあるデータごとに分類して複数用意することを推奨したが、具体的にはどのようなメリットがあるのだろうか?

まず、1つのテーブルのフィールド数が多いと、画面に入り切らなくなり、データが見づらくなる。単純なことのように思えるが、データベースではすべてのフィールドを含んだ横方向(行)のレコードが1つの単位となるため、視認性は意外と重要だ。

また、フィールド数の多い情報は、重複したデータを含む場合が多々ある。たとえば左ページの例を見てみよう。商品ID「A04」のレコードが販売ID「2」「4」「5」と3つある。この3レコードを見てみると、商品IDのほかに、商品名、定価、原価と重複したデータが書き込まれることになる。

この僅かな無駄でも、データが蓄積するうちに、無視できない容量となってしまう。また途中で商品名などが変わったら、修正するレコードが複数にわたり非常に面倒だ。

重複データを含んだテーブル

フィールドが多すぎると横に長くなって見づらくなる

販売ID	売上日	商品ID	商品名	定価	原価	単価	…
1	9/1	A01	アイテム1	350	150	320	…
2	9/2	A04	アイテム4	250	90	220	…
3	9/2	A02	アイテム2	320	130	300	…
4	9/3	A04	アイテム4	250	90	200	…
5	9/4	A04	アイテム4	250	90	200	…

同じデータが複数ある…
これって必要?

SUMMARY

➔ 1つのテーブルに情報が多くなると、視認性が悪くなり、重複したデータが増えることになる

トランザクションテーブルとマスターテーブル

33ページの例では、販売情報と商品情報を違うテーブルに分けると効率的だ。販売情報のテーブルには商品IDだけを格納しておき、商品情報のテーブルに、商品ID、商品名、定価などの情報を格納しておく。商品IDを参照すれば商品情報を調べることができるので、販売情報のテーブルには必要最低限のデータだけで済むのだ。

こうしてテーブルを分けておくことで、途中で商品名が変わった場合でも、商品情報テーブルの情報を1つ直すだけで、販売情報のテーブルには手を加えずに対応できる。このように、運営していくうえで変更が想定されるものをあらかじめ洗い出しておき、柔軟性を持たせてテーブル設計を行うのも重要である。

この商品情報のような、基本的には変化が少なく、変わったときには関連情報をすべて更新する、特定の情報の基礎となるデータを**マスターデータ（テーブル）**と呼ぶ。それに対して、販売データのような、そのつど追加されていくデータを**トランザクションデータ（テーブル）**と呼び、これらを別のテーブルで管理することによって、システムとしての使い勝手が向上する。

テーブルを分割する

・販売情報（トランザクションテーブル）

販売ID	売上日	商品ID	単価	…
1	9/1	A01	320	…
2	9/2	A04	220	…
3	9/2	A02	300	…
4	9/3	A04	200	…
5	9/4	A04	200	…

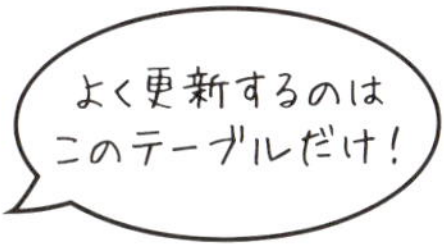
よく更新するのは
このテーブルだけ！

・商品情報（マスターテーブル）

商品ID	商品名	定価	原価
A01	アイテム1	350	150
A02	アイテム2	320	130
A03	アイテム3	300	110
A04	アイテム4	250	90
A05	アイテム5	400	160

修正が
かんたん！

テーブル間を関連付けて、他テーブルから情報を引き出す

商品情報を別テーブルへ分けてしまったので、販売情報のテーブルには、商品の情報が商品IDしかなくなってしまった。無駄がないといえば確かにそうだが、人間の目からすると、やはりIDではなく名前のほうがぱっと見てわかりやすい。

これを解決するのが、**リレーションシップ**というしくみである。関連付けたいテーブルに、共通するフィールドを作っておいて、**共通するフィールドを使ってテーブルどうしを連結させる**ことができる。これを「リレーションを張る」「リレーションシップを設定する」といった表現をする。

リレーションを張って連結させたテーブルは、1つのテーブルと同じように扱える。たとえば指定した期間の売上個数の合計を、商品名と共に取り出して閲覧するなど、自由にデータを組み合わせることができるのだ。

このように、リレーションシップというしくみがあるおかげで、各テーブルには必要最低限のデータのみを効率的に格納し、データを利用するときには、いろいろなテーブルから情報を収集して、人間の目にもわかりやすい形でデータを集計することができるのである。

リレーションシップ

・販売情報

販売ID	売上日	商品ID	単価	…
1	9/1	A01	320	…
2	9/2	A04	220	…
3	9/2	A02	300	…
4	9/3	A04	200	…
5	9/4	A04	200	…

このテーブルだけじゃわかりにくいことも…

←リレーションを張ると…

・商品情報

商品ID	商品名	定価	原価
A01	アイテム1	350	150
A02	アイテム2	320	130
A03	アイテム3	300	110
A04	アイテム4	250	90
A05	アイテム5	400	160

販売ID	売上日	商品名	売上
1	9/1	アイテム1	1600
2	9/2	アイテム4	1100
3	9/2	アイテム2	600
4	9/3	アイテム4	850
5	9/4	アイテム4	2200

自由にデータを組み合わせることができる！

「まったく同じ形」でないと、データの整合性を損なう

テーブルを分け、リレーションを張って利用するために非常に重要なことがある。それは、**結合するためのフィールドが、お互いのテーブルでまったく同じ形で存在しなくてはならない**、ということだ。

入力間違いは言わずもがなだが、文字のどこか1つでも半角・全角・大文字・小文字で違いがあると、コンピューターは「違う文字」として判断してしまう。アルファベットや数字はもちろん、ハイフンやスペースの全半角が違えば、見た目では同じように見えても、それは違う要素になってしまうのだ。

特定の商品IDのものだけ集計したいのに、半角や全角などの記述が揃っていないと集計に抜けが発生し、信頼性のあるデータにはならない。これは非常に厄介で、データベースの機能を著しく損なうものである。

この問題の対策として、**参照整合性**という機能がある。これを設定すると、マスターテーブルに登録されているフィールドと同じものしかトランザクションテーブルへ入れることができないなど、お互いのテーブルの整合性を保てない操作ができなくなる。

1文字でも違うとテーブルに入れられない

・販売情報

販売ID	売上日	商品ID	単価	…
1	9/1	A01	320	
2	9/2	A04	220	
3	9/2	A02	300	
4	9/3	A04	200	
5	9/4			

✖ a04

参照整合性

・商品情報

商品ID	商品名	定価	原価
A01	アイテム1	350	150
A02	アイテム2	320	130
A03	アイテム3	300	110
A04	アイテム4	250	90
A05	アイテム5	400	160

参照整合性が
設定されていると
違うデータは
入れられない!

SECTION 06

データベース特有のデータを操作するしくみ

必読

SQLという言語でデータベースに問い合わせを行う

18ページで、アクセスではビジネスロジックの役割にVBAというプログラム言語を使うという説明をしたが、VBAは情報の受け渡しや画面・フォームの操作などが主で、直接データベースを操作することはできない。

では、どのような方法でデータベースへデータを書き込んだり、取り出したりするのだろうか？　これには、**SQLというデータベース操作専用の問い合わせ言語**を使う。そして、SQL言語で書かれた命令文を使って、データベースへ「データを書き込む」「データを削除する」「特定のデータを引き出す」などを行う問い合わせを**クエリ**と呼ぶ。

SQLはアクセスだけに限らず、データベースソフトの世界では標準として扱われる言語で、Oracle、SQL Server、MySQLなどの有名なデータベースソフトでも広く利用されている。

SQL言語とクエリ

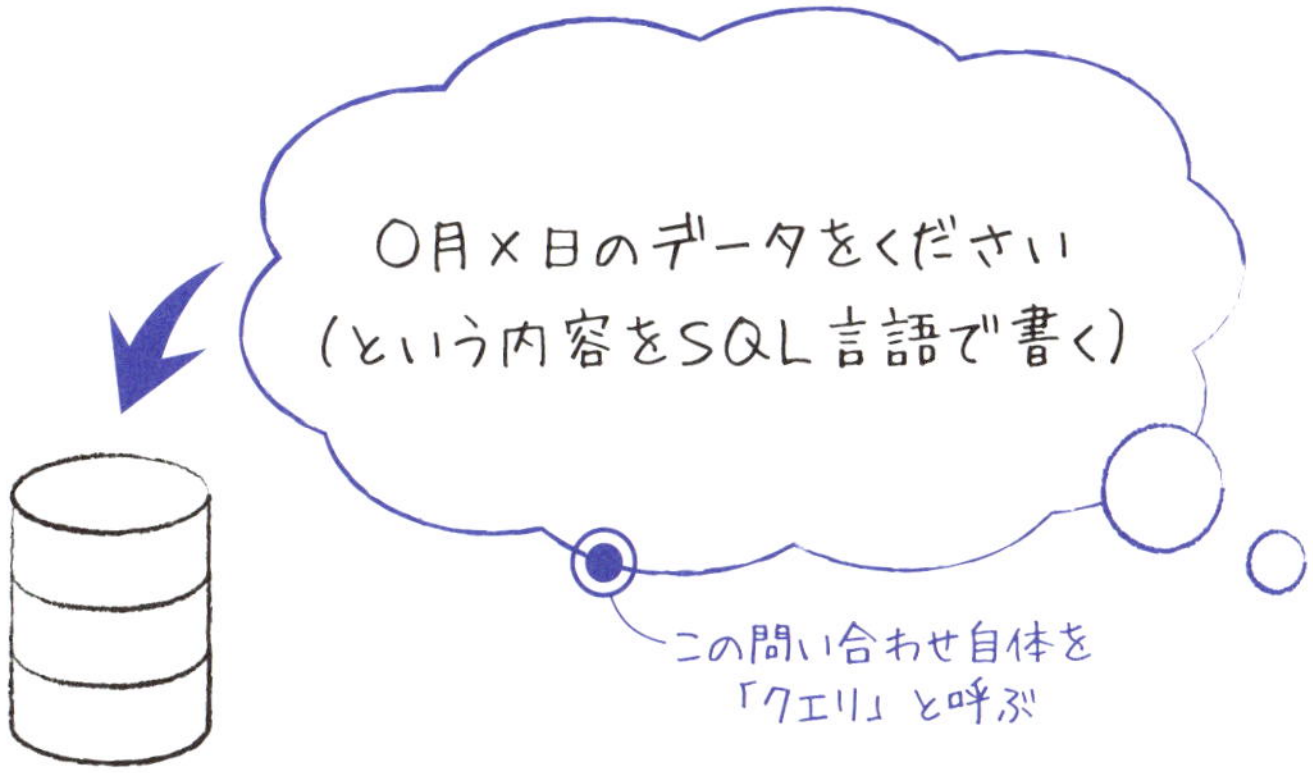
○月×日のデータをください
(という内容をSQL言語で書く)
この問い合わせ自体を
「クエリ」と呼ぶ

SUMMARY

→ データベースを操作するには、専用の問い合わせ言語であるSQLを利用する

アクセスにおける「クエリ」という便利な機能

クエリとは一般的な意味ではデータベースへの「問い合わせ」行為を指す言葉だが、アクセスにおいては、ＳＱＬ文を自動作成できる、特有の機能のことを指す。

アクセスでは、クエリの「デザインビュー」という機能を使うことで、視覚的にマウスでフィールドを選び、条件を入力して、データベースへ問い合わせるクエリを作成できる。それと同時に、その指示を自動でＳＱＬ文へ変換して発行してくれるのである。このクエリという機能で、ユーザーはＳＱＬという言語を意識することなく、データベースとのやりとりができる。

このように、アクセスはプログラムがわからなくても機能を実装できるビジュアルツールが非常に充実している。クエリと同じように、ＶＢＡを意識しなくともフォームなどの動作を設定できる「マクロ」という機能もある。

とはいえ、クエリやマクロ機能だけでは細やかな動きまでは限界があるので、それ以上のことをやってみたいという人はＳＱＬやＶＢＡを勉強すると、さらにアプリケーションの実現力が高まるだろう。興味が出てきたらぜひチャレンジしていただきたい。

クエリのデザインビューとSQLビュー

- クエリのデザインビュー

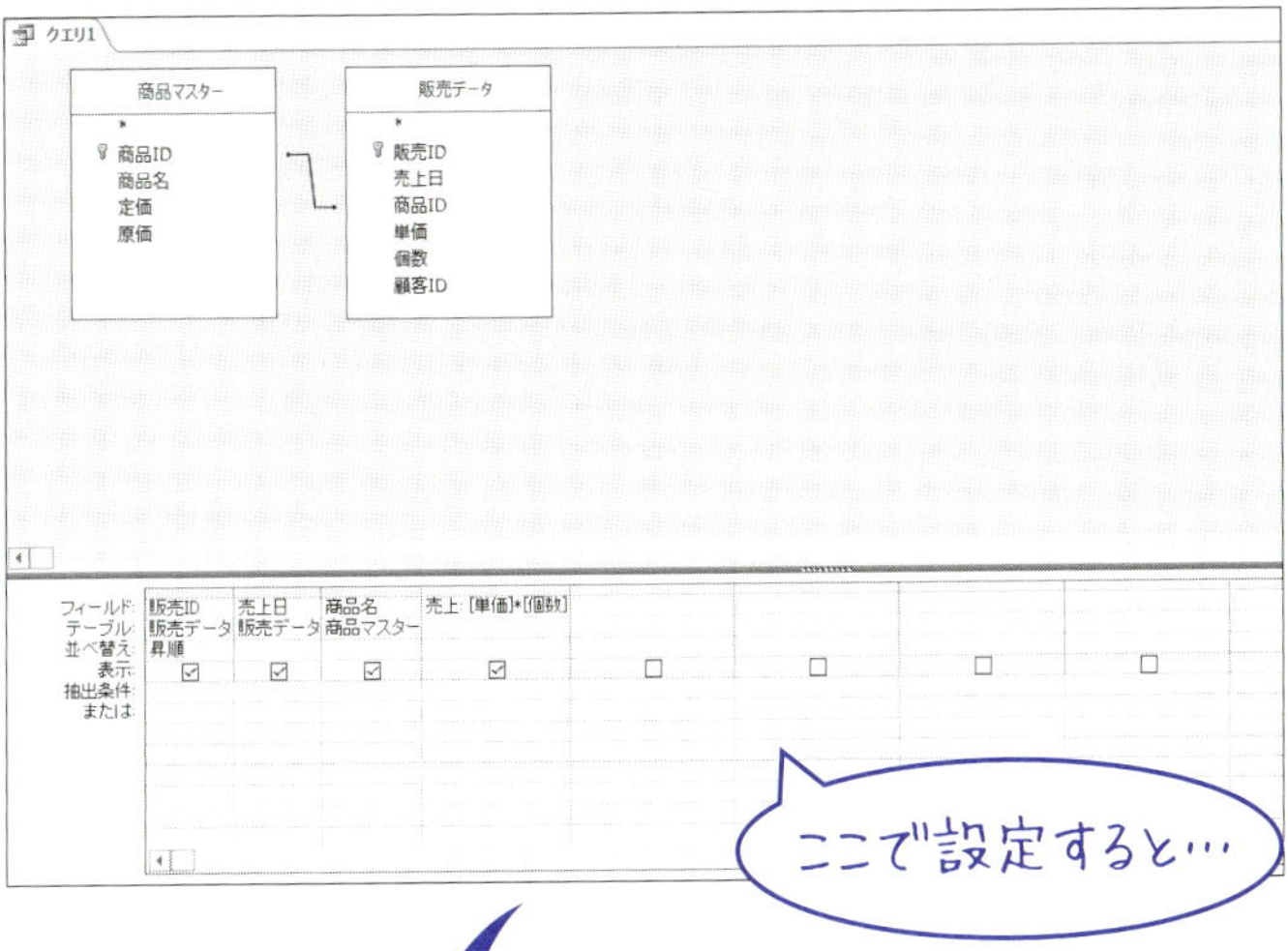

- SQLビュー

SECTION 07

アクセスでデータを管理する前に知っておくべきこと

必読

アクセスで管理すべきデータとは？

実際にアクセスを使ってみる前に、自分のデータがアクセスで管理するのに適しているのかを考えてみよう。現状エクセルで特に不満なく管理しているものをアクセスへ移行してみたら、エクセルのほうがよかった、ということになっては残念だ。

まず、データベースは「データが集結している」というところに意味があり、管理するデータの数や分類が多いほど真価を発揮する。データが増え過ぎてあちこちに散らばってしまって、データを探すのが大変だ、というケースは、アクセスに適している。

また、テーブルに格納するので表形式で並べられるものでなくてはならない。さらに、データが短いサイクルで増えていく、販売管理データ、生産管理データ、顧客管理データなどは最適である。

逆に言えば、データ規模が小さい、**表形式にとらわれず自由なレイアウトで使いたい、といったものはエクセルのほうが楽に管理できる。**

アクセスに適したデータ

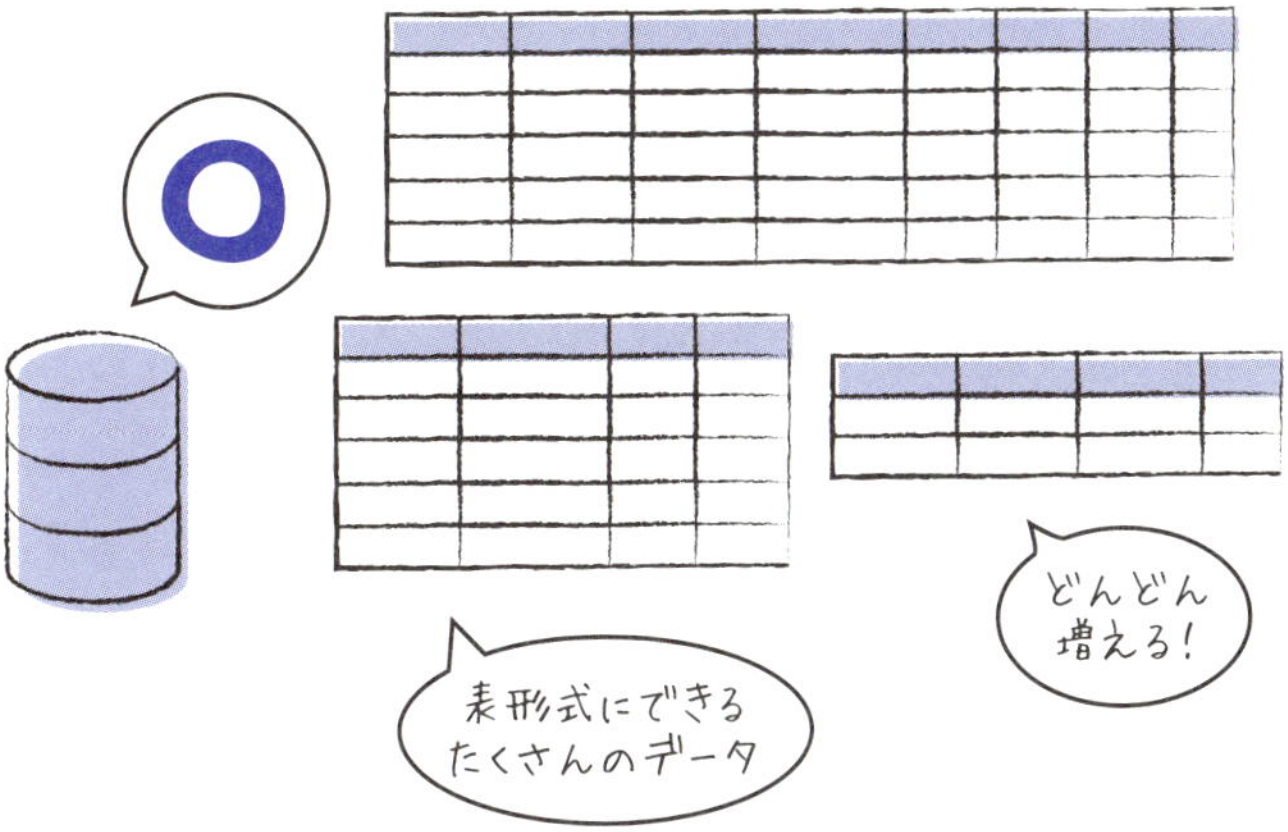

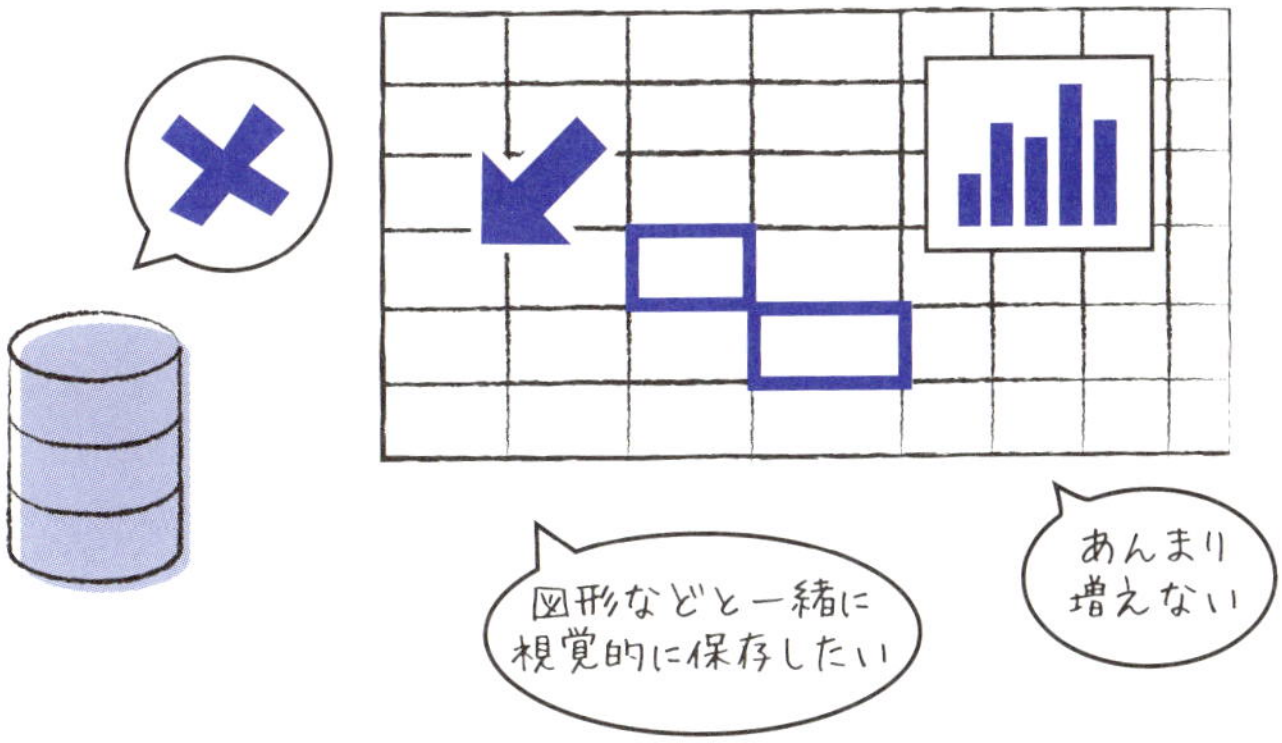

データは、シンプルでなくてはならない

データベースに入れるデータは、料理する前の材料である。そこには、文字の色や装飾などの書式、計算式および計算結果、ワードアートのタイトルや図・グラフなどは一切入れることができない。シンプルなデータのみを蓄積することで、膨大なデータを効率的に管理することができるのだ。

エクセルに慣れている人は、計算結果も一緒に入っていたほうが便利に感じるかもしれないが、データベースには素材のみを入れるのが原則だ。AとBを計算してCという結果が得られるのなら、Cというデータはデータベースに格納する必要はない。計算式のようにデータを加工して活用するのは、データベースから取り出した次のステップの役割と考えよう。

エクセルのように自由に使えなくなってしまうのか…、と心配な人もいるかもしれないが、アクセスとエクセルは同じマイクロソフト製品なので、互換性がよく楽に連携ができる。データをエクセルへ取り出したうえで、いくらでも再レイアウトしたりグラフ化したりすることが可能なので、アクセスでは安心してデータをシンプルにしていこう。

シンプルなデータでないとダメ

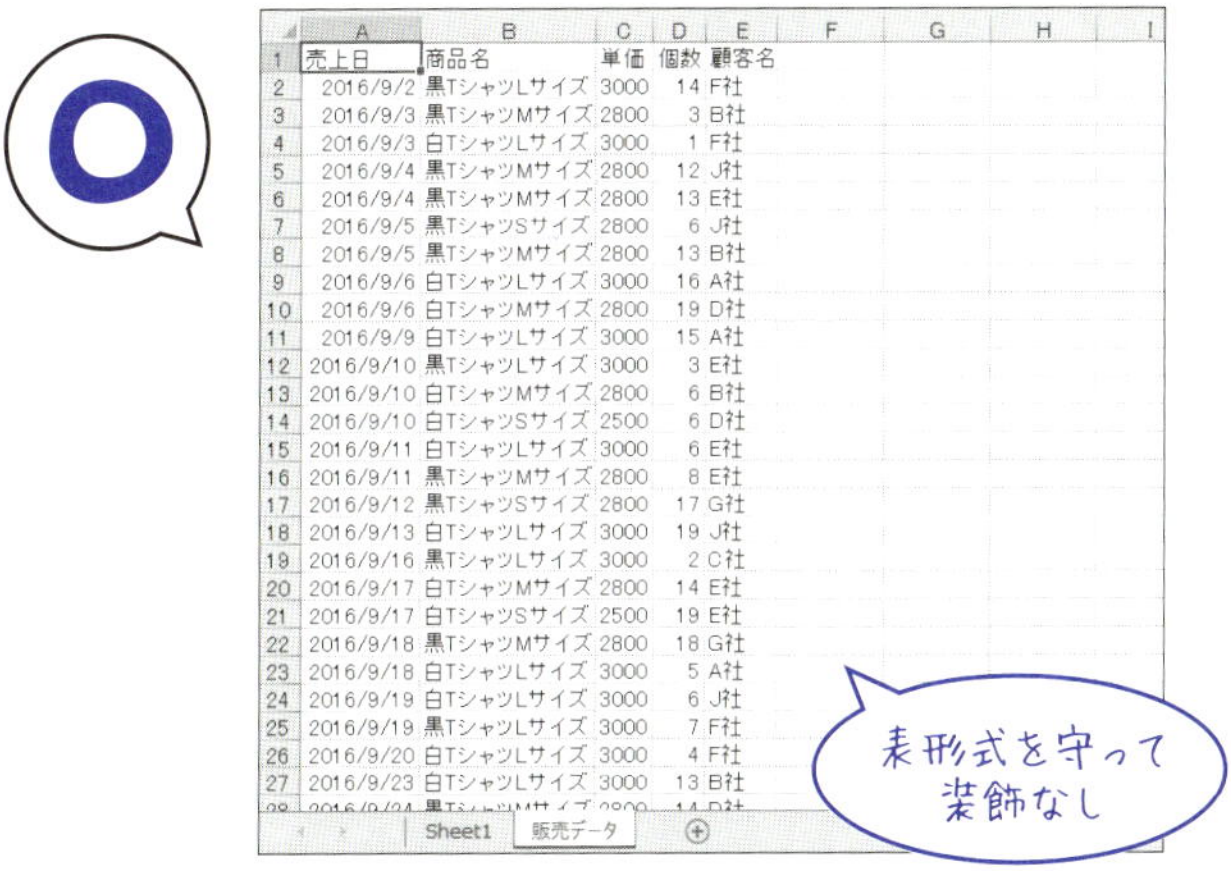

	売上日	商品名	単価	個数	顧客名
2	2016/9/2	黒TシャツLサイズ	3000	14	F社
3	2016/9/3	黒TシャツMサイズ	2800	3	B社
4	2016/9/3	白TシャツLサイズ	3000	1	F社
5	2016/9/4	黒TシャツMサイズ	2800	12	J社
6	2016/9/4	黒TシャツMサイズ	2800	13	E社
7	2016/9/5	黒TシャツSサイズ	2800	6	J社
8	2016/9/5	黒TシャツMサイズ	2800	13	B社
9	2016/9/6	白TシャツLサイズ	3000	16	A社
10	2016/9/6	白TシャツMサイズ	2800	19	D社
11	2016/9/9	白TシャツLサイズ	3000	15	A社
12	2016/9/10	黒TシャツLサイズ	3000	3	E社
13	2016/9/10	白TシャツMサイズ	2800	6	B社
14	2016/9/10	白TシャツSサイズ	2500	6	D社
15	2016/9/11	白TシャツLサイズ	3000	6	E社
16	2016/9/11	黒TシャツMサイズ	2800	8	E社
17	2016/9/12	黒TシャツSサイズ	2800	17	G社
18	2016/9/13	白TシャツLサイズ	3000	19	J社
19	2016/9/16	黒TシャツLサイズ	3000	2	C社
20	2016/9/17	白TシャツMサイズ	2800	14	E社
21	2016/9/17	白TシャツSサイズ	2500	19	E社
22	2016/9/18	黒TシャツMサイズ	2800	18	G社
23	2016/9/18	白TシャツLサイズ	3000	5	A社
24	2016/9/19	白TシャツLサイズ	3000	6	J社
25	2016/9/19	黒TシャツLサイズ	3000	7	F社
26	2016/9/20	白TシャツLサイズ	3000	4	F社
27	2016/9/23	白TシャツLサイズ	3000	13	B社

Sheet1
販売データ
表形式を守って
装飾なし

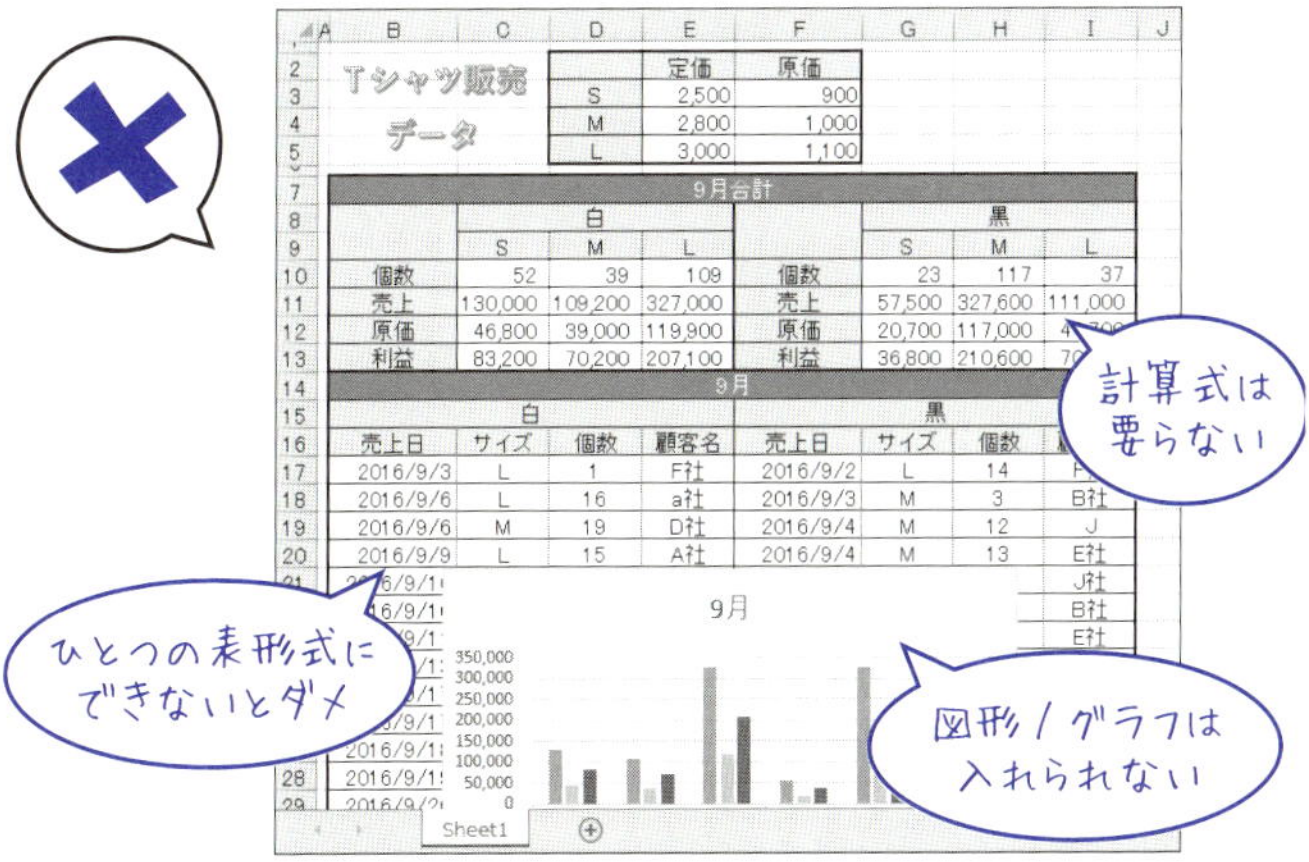
Tシャツ販売
データ
9月合計
9月
計算式は
要らない
ひとつの表形式に
できないとダメ
図形/グラフは
入れられない

アクセスに取り込むデータは、整理整頓が必要

既に存在するデータをエクセルでまとめて、アクセスへ取り込みたいということも多いだろう。そんなとき、注意しなければならない点がいくつかある。

まず、46ページで説明した通り、ひとつひとつのデータはシンプルでなければならない。図やグラフ、書式や罫線などはすべて削除しておこう。

アクセスでは、表形式のテーブルへデータが格納されるので、エクセルでは、それと同じ形の体裁を整えておかなければ上手に取り込むことができない。エクセル上のシート名がアクセスではテーブル名に、縦方向（列）のセルが**フィールド**、横方向（行）のセルが**レコード**と判断され、それぞれのシートで1行目に書かれた内容をフィールド名とすることができる。

また、データベースでは一般的に、1つのテーブルの中にまったく同じレコードが複数存在するのは望ましくない。用意するデータも、重複、表記の不統一などの曖昧なデータがないようにしておく。たとえば社員情報を管理する場合、同姓同名の人がいる可能性はゼロではないので、「社員ID」などの重複しない、かつ使いやすくて短い値を作成して割り振るのが一般的である。

取り込む前に整理整頓

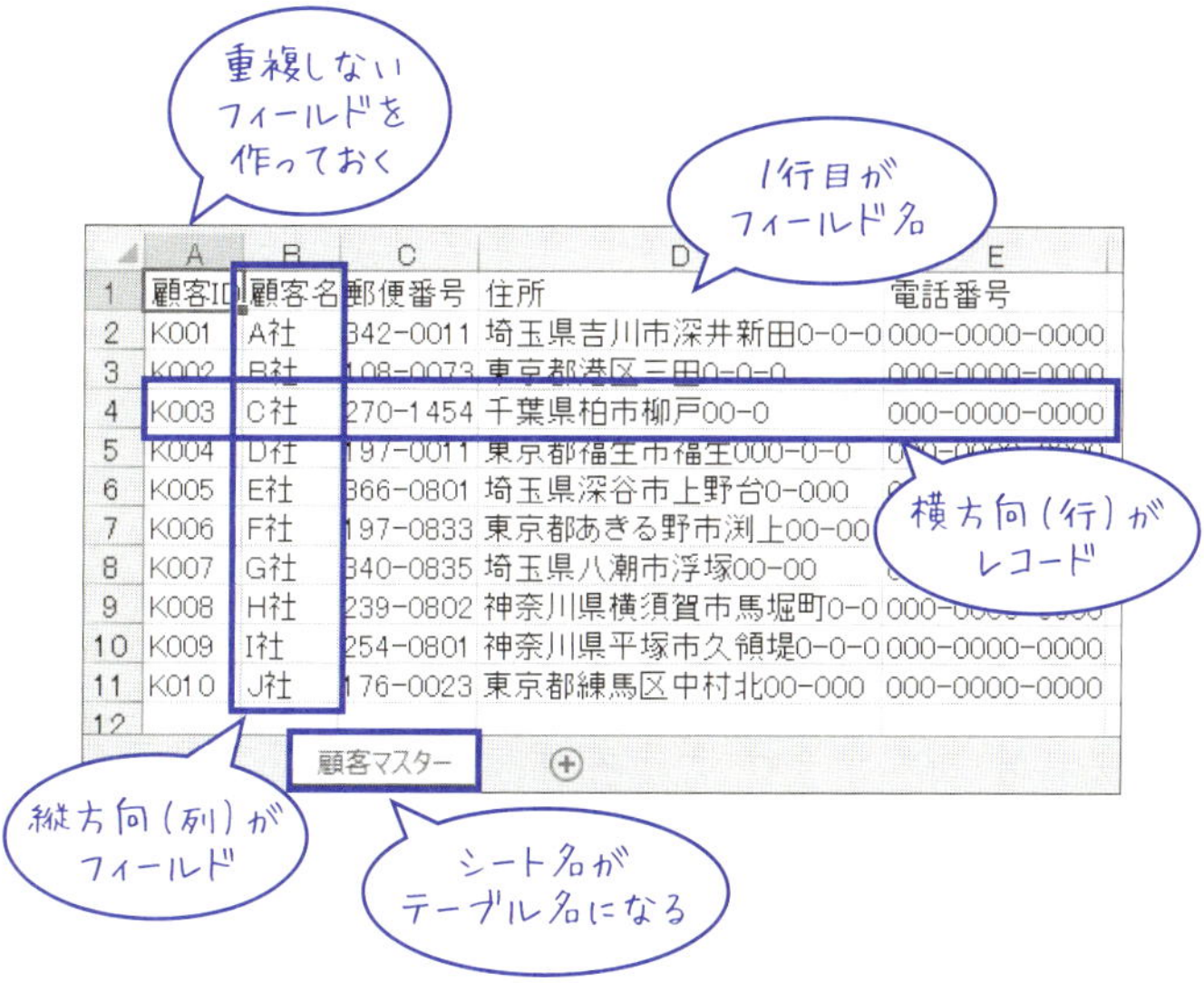

	A	B	C	D	E
1	顧客ID	顧客名	郵便番号	住所	電話番号
2	K001	A社	342-0011	埼玉県吉川市深井新田0-0-0	000-0000-0000
3	K002	B社	108-0073	東京都港区三田0-0-0	000-0000-0000
4	K003	C社	270-1454	千葉県柏市柳戸00-0	000-0000-0000
5	K004	D社	197-0011	東京都福生市福生000-0-0	[illegible]
6	K005	E社	366-0801	埼玉県深谷市上野台0-000	[illegible]
7	K006	F社	197-0833	東京都あきる野市渕上00-00	[illegible]
8	K007	G社	340-0835	埼玉県八潮市浮塚00-00	[illegible]
9	K008	H社	239-0802	神奈川県横須賀市馬堀町0-0	[illegible]
10	K009	I社	254-0801	神奈川県平塚市久領堤0-0-0	000-0000-0000
11	K010	J社	176-0023	東京都練馬区中村北00-000	000-0000-0000
12					

SUMMARY

➔ エクセルのデータをアクセスに取り込む場合、データをシンプルな形にする必要がある

SECTION 08

アクセスでの運用で守らなくてはならないルール

必読

正しいデータは必ず1つにしておくこと

たとえば、今までエクセルで管理していたものをアクセスでの管理に移行するときは、移行後はアクセスに入っているデータが最新であり、**「アクセス＝正しいデータ」という認識を、ユーザー全員で徹底**しなければならない。アクセスに移行したのに、今までの習慣でエクセルにデータを追加…などということをすると、データの二重化が起きてどちらが正しいデータなのかわからなくなってしまう。

データを移管したあとのエクセルファイルは、混乱を避けるため即座に削除するのが望ましいが、すぐ削除するのがためらわれる場合もあるだろう。そんなときは「削除予定」などのフォルダーに入れて、ほかのファイルと明確に区別しておこう。

特に、ユーザーが増えるほど思いもよらぬミスが起こりがちになる。多人数で正しく運用していくには、ルールが守られているか定期的にチェックする体制を設けることも有効である。

データの二重化は厳禁!

データの整合性を保つしくみを取り入れておく

38ページで、データはまったく同じ形でないと違う要素として判断されてしまうという話をした。同じ形であるべき要素は、あらかじめ誤入力できないしくみを作っておかないと、せっかくデータを整えてから取り込んでも、たちまち整合性がとれなくなり、データベースの利便性が大幅にダウンしてしまう。

この対策として参照整合性について触れたが、この機能は便利な反面、融通が効かないことにも留意しておきたい。参照整合性は、マスターテーブルに存在するフィールドとまったく同じものでないとトランザクションテーブルに納めることができない。そのため事情があってマスター登録が間に合わず、仮のデータを入れておいてマスター登録を事後に行うということはできない。

これが困る場合、「ルックアップフィールド」という機能がおすすめだ。指定のテーブルやクエリなどから設定したリストが表示され、その中から1つの値を選択できる。誤入力が防げるうえに効率的でわかりやすい。設定によってはリスト以外の値も入れることができるので、前述のような事情がある場合に、仮のデータを入れておくことも可能である。

参照整合性とルックアップフィールド

• 商品情報（マスターテーブル）

商品ID	商品名	定価	原価
A01	アイテム1	350	150
A02	アイテム2	320	130
A03	アイテム3	300	110
A04	アイテム4	250	90

A05
新製品なので
マスター登録されていない

参照整合性あり

• 販売情報（トランザクションテーブル）

販売ID	売上日	商品ID	単価	…
…	9/4	A04	220	
6	9/5			

✖ A05

マスターにないものは入力できない！
でも先に実績を入れたいことも…

ルックアップフィールド

• 商品情報（トランザクションテーブル）

販売ID	売上日	商品ID	単価	…
…	9/4	A04	220	
6	9/5	A05 ▼		

A01
A02
A03

選択式なので間違わない！
リスト以外の値を入れることもできる

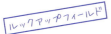

分析・活用は外部ツールを使い、必ずバックアップを

アクセスは多機能であるが、基本的にはデータベースソフトだ。データをグラフなどへビジュアル化して活用するのは苦手なので、そちらの分野はエクセルなどの外部ツールへ役割を明確に分けてしまったほうが運用しやすい。

データの管理はアクセス、活用はエクセルと住み分けることで、エクセルへ抽出されたデータをいくら加工しても、アクセスの元データには影響を及ぼすことがない。何度でもやり直しが効き、うっかりエクセルファイルを消してしまっても、アクセスからまたデータを抽出すればよいため、データの保全性が高い。

ただし、元データとなるアクセスのファイル管理は強化する必要がある。データベースとはさまざまな利用方法の情報源として存在するものであり、組織の重要な財産である。バックアップツールを利用して、自動的に毎日決まった時間に外部ストレージへバックアップを作成することを強く推奨する。バックアップファイルは数日から数週間分残しておくと、データが壊れた時だけでなく、間違いが発覚したときなどにバックアップファイルへ戻ることができるだろう。

バックアップは重要!

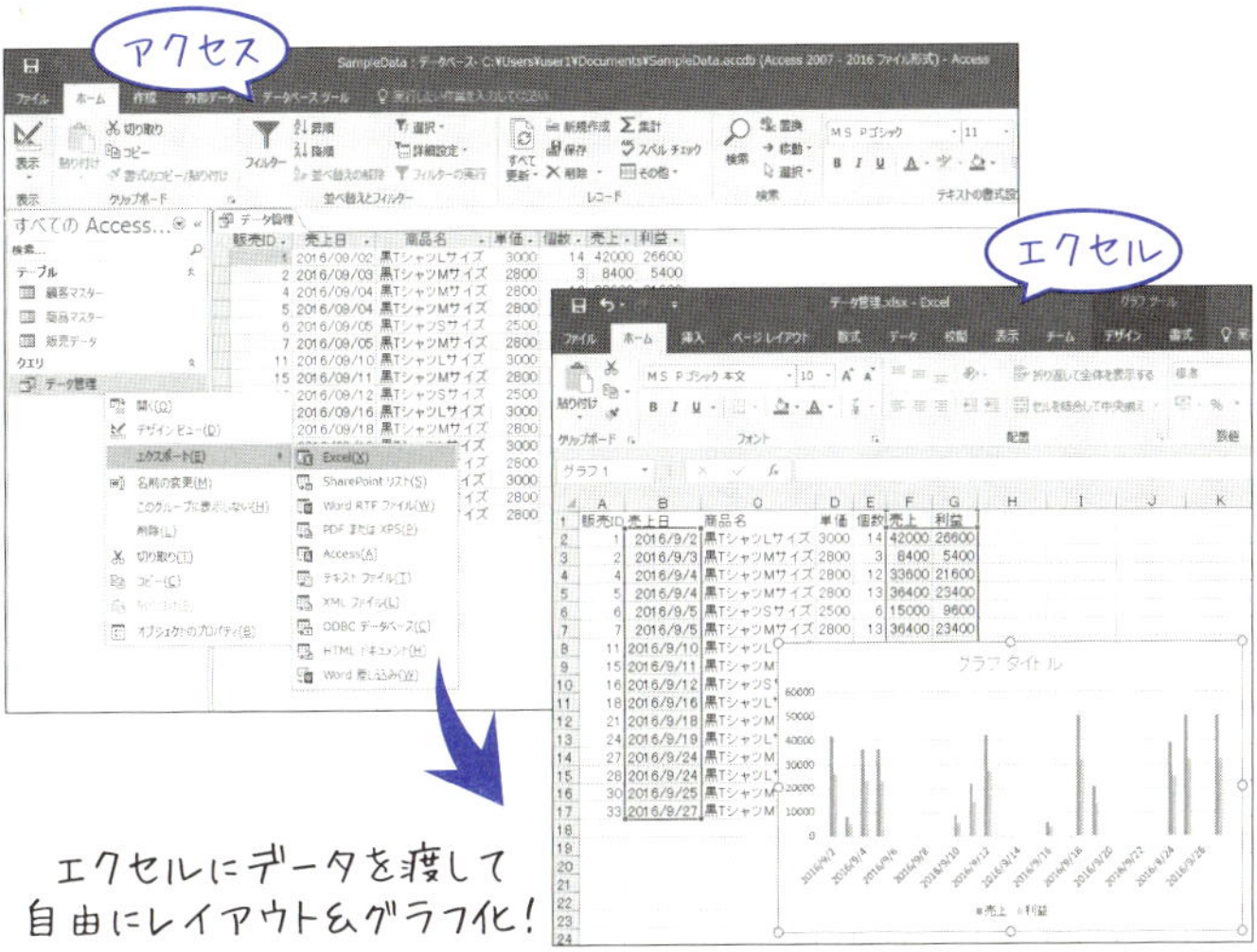
アクセス
エクセル
エクセルにデータを渡して
自由にレイアウト&グラフ化!

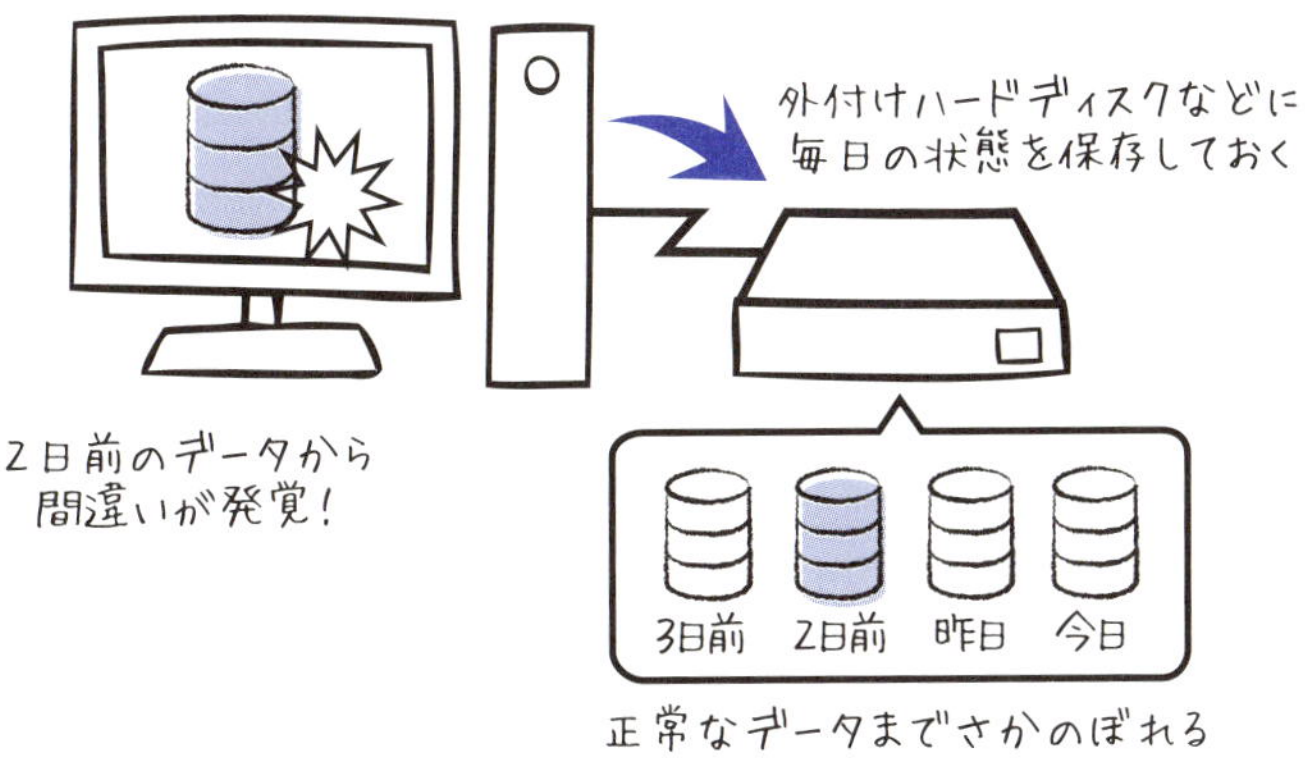
外付けハードディスクなどに
毎日の状態を保存しておく
2日前のデータから
間違いが発覚!
3日前
2日前
昨日
今日
正常なデータまでさかのぼれる

SECTION 09

本書で紹介するアクセスの利用方法

必読

「単体データベース」としての運用

2章では、22ページで説明した、主にデータベースの部分だけを利用する、個人で利用する単体データベースを作成しながら、具体的なアクセスの使い方を解説する。

まずはエクセルのサンプルデータを元に、アクセスでテーブルを作成し、データを移行する。その後、実際にクエリ（42ページ参照）を使って、データベースの操作を体験し、条件選択したデータを印刷形式にするところまでを解説する。

エクセルからアクセスへデータを移行するための書式・図・グラフの整理、テーブルの作成や、52ページで解説したルックアップフィールド、参照整合性の設定方法などを行い、アクセスを扱ううえで基本となる設計の、シンプルなデータベースソフトを作ってみよう。

2章で作成するデータベース

・テーブル

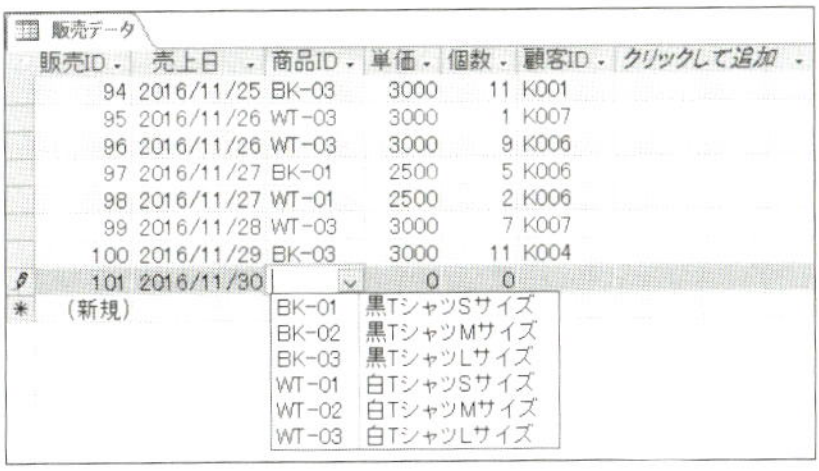

データの
入力/管理

・クエリ

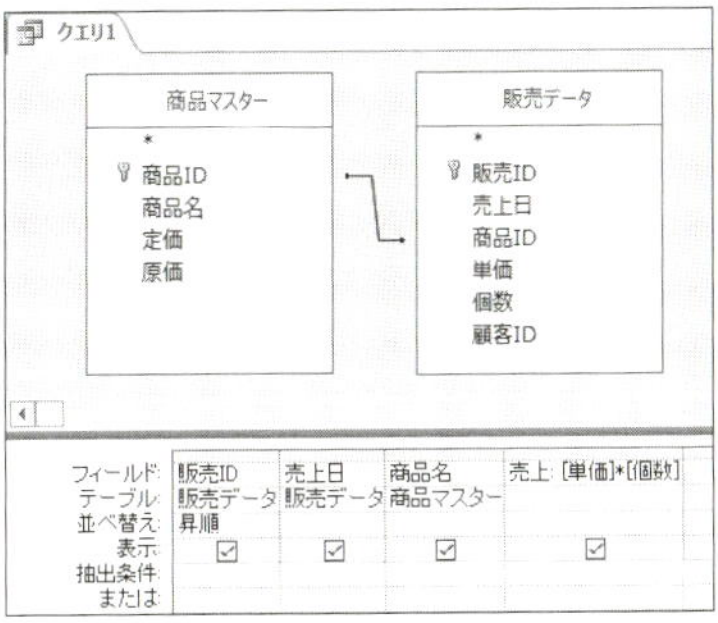

データの
操作/抽出

・レポート

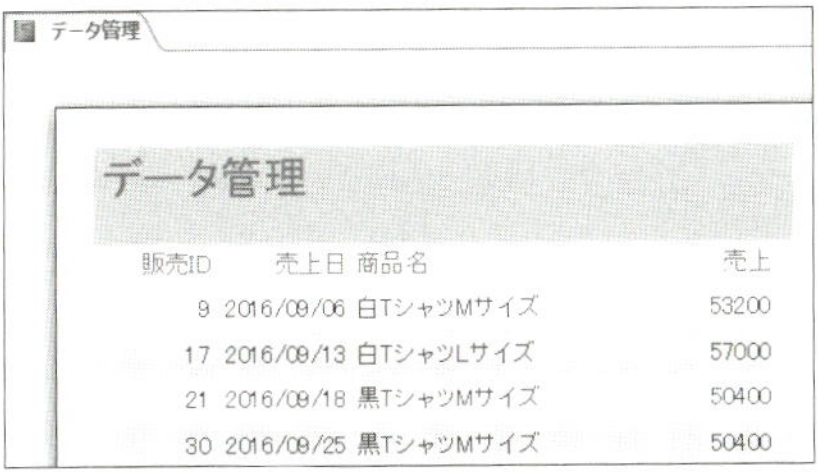

印刷形式へ
出力

「3層アプリケーション」としての運用

3章では、データベースに、ユーザーインターフェースである「フォーム」と、ビジネスロジックである「マクロ」「VBA」を実装した、本格的な**3層構造のアプリケーション作成**について解説していく。

「保管庫」であるデータベースに対して、専用の入力フォームや、特定の操作を起動するためのメインフォームなどを作ってみよう。作成したフォームへマクロ・VBAを実装することで、データベース部分を意識しなくても操作ができるアプリケーションとなっていく。メインフォームから入力フォームを開いたり、印刷・分析など特定の操作を行ったりするきっかけを作り、そこへマクロやVBAでどのように動きを付けていくのかを学んでいこう。

また、2章で扱う単体データベースソフトは個人使用を想定しているが、3章のアプリケーションでは、自分以外にユーザーがいることを想定し、アプリケーション開発とはどのように行うのか、手順や注意すべきことなどにも言及していく。

フォームとマクロ

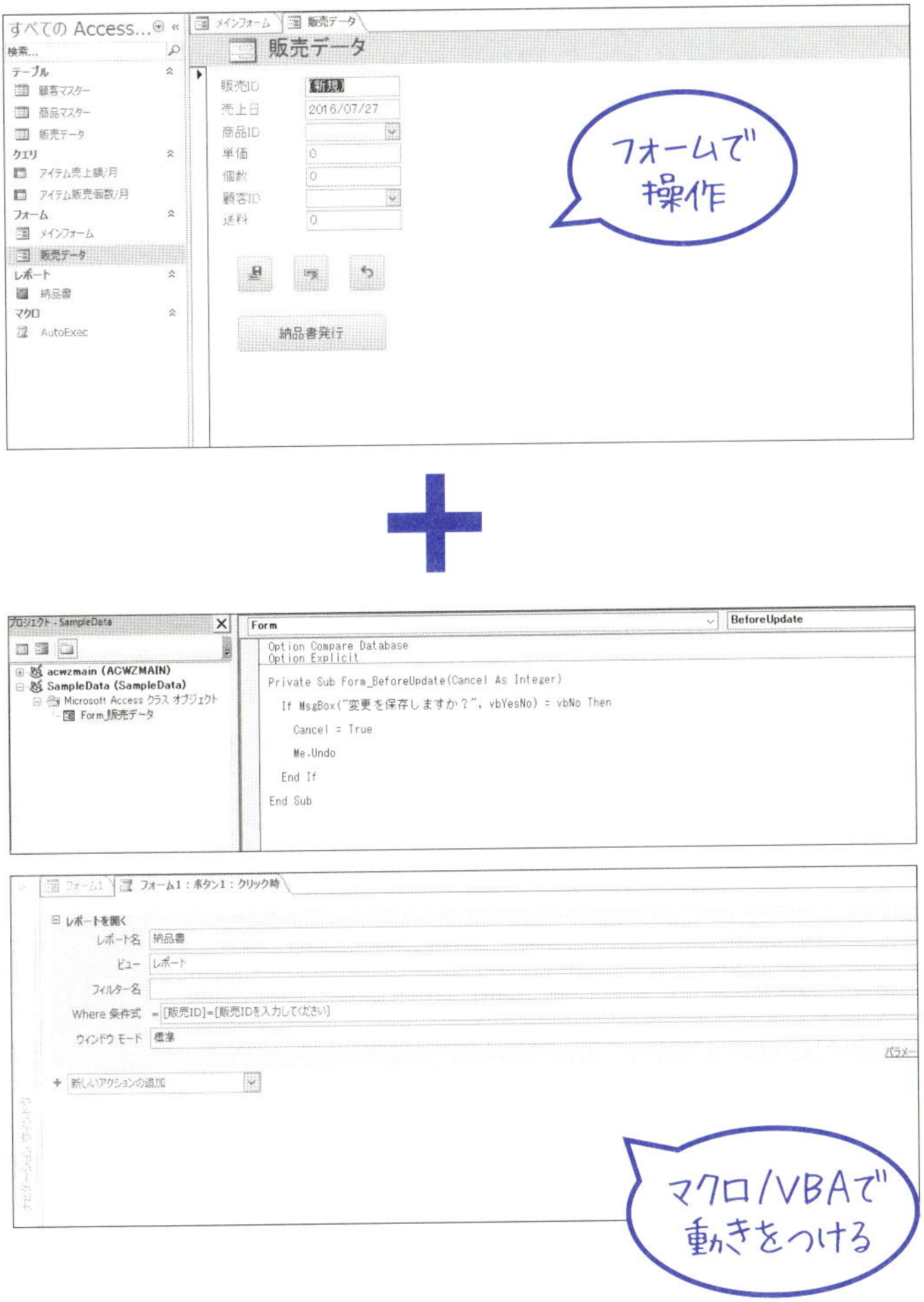
すべての Access...
検索...
テーブル
顧客マスター
商品マスター
販売データ
クエリ
アイテム売上額/月
アイテム販売個数/月
フォーム
メインフォーム
販売データ
レポート
納品書
マクロ
AutoExec
メインフォーム
販売データ
販売データ
販売ID
(新規)
売上日
2016/07/27
商品ID
単価
個数
顧客ID
送料
納品書発行
フォームで操作
プロジェクト - SampleData
acwzmain (ACWZMAIN)
SampleData (SampleData)
Microsoft Access クラス オブジェクト
Form_販売データ
Form
BeforeUpdate
Option Compare Database
Option Explicit
Private Sub Form_BeforeUpdate(Cancel As Integer)
If MsgBox("変更を保存しますか？", vbYesNo) = vbNo Then
Cancel = True
Me.Undo
End If
End Sub
フォーム1 : ボタン1 : クリック時
レポートを開く
レポート名
納品書
ビュー
レポート
フィルター名
Where 条件式
= [販売ID]=[販売IDを入力してください]
ウィンドウ モード
標準
新しいアクションの追加
マクロ/VBAで動きをつける

COLUMN

エクセルからアクセスを操作できる

アクセスを使ってみたいが、使い慣れたエクセルで作った帳票画面から、データを書き込んだり読み込んだりはできないものだろうか？　そんな場合、エクセルのＶＢＡを使ってアクセスのデータベースとやりとりすることで実現できる。

アクセスはテーブルを用意しておけばファイルを開く必要はなく、起動はエクセルのみでよいため、アクセス操作に不慣れなユーザーでも抵抗なく扱える。ＶＢＡの難易度は上がるが、レイアウトの自由度が高い。指定のセルにデータを読み込めば即座にグラフに反映されるなど、連携のメリットは大きいのだ。

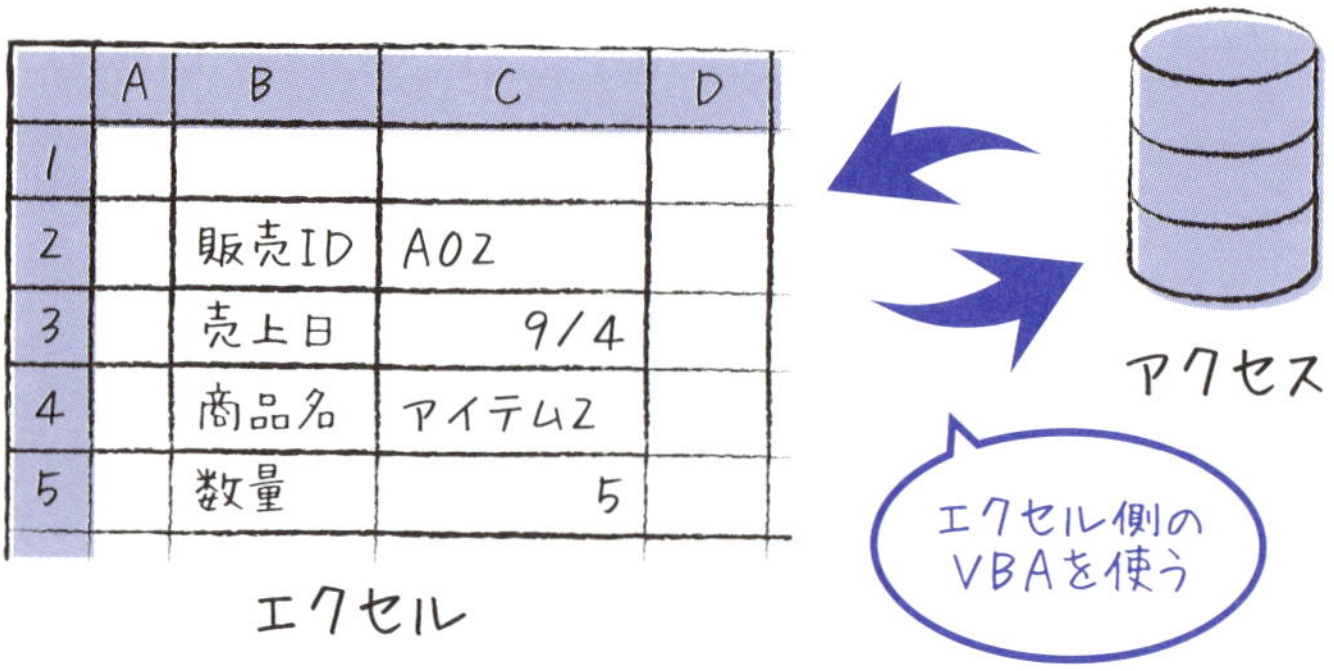

2章

アクセスデータベース作成・運用

SECTION 10

必読

エクセルのデータをアクセスへ取り込むための事前準備

必要なデータ以外は削除する

左ページの例の、エクセルで管理しているTシャツの販売データ（8ページを参照してダウンロード可能）をアクセスへ移行することを考えてみよう。

一見したところ、Tシャツの色、サイズ、月ごとに分類され、綺麗にまとまっている。しかしこのデータ管理では、特定の顧客だけの売上やSサイズのみの集計などが必要な場合に、かんたんには対応できない。

エクセルのデータを取り込むには、エクセル上で表の体裁を整えなければならない。**セルの結合・書式を解除し、グラフ・図形・数式などをすべて削除**しよう。

商品には2色・3サイズが存在しているが、「サイズ」と「色」を組み合わせて「商品名」へ変更しておくと、アクセスに取り込んだときに、「サイズ」と「色」が1つのフィールドで判別しやすい。

データベースに不必要なものは削除

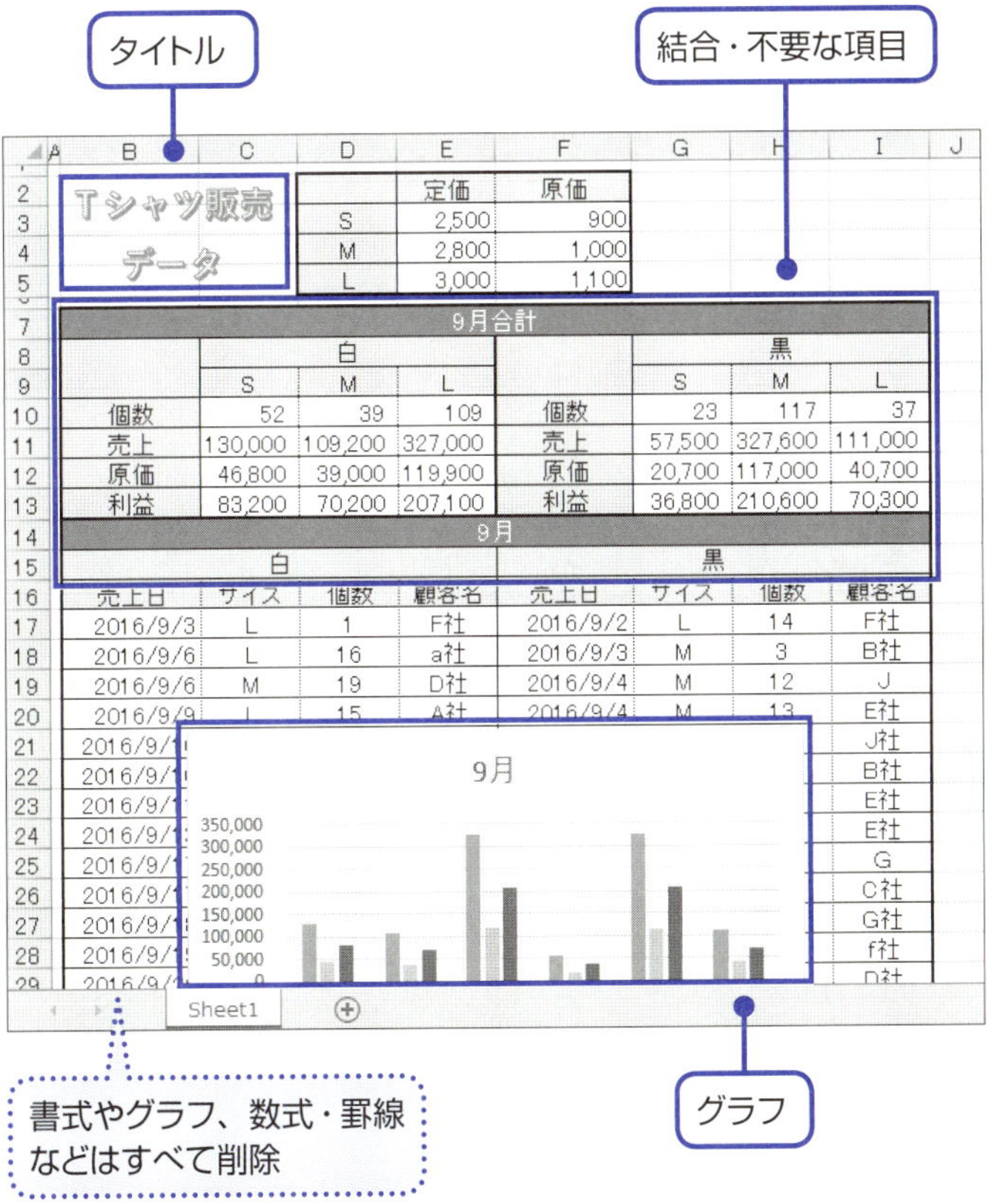

データの表記を統一する

必要なデータのみになったら、データの表記を揃えよう。38ページで解説した通り、**ひとつでも半角・全角・大文字・小文字で違いがあると、コンピューターは「違う文字」として判断してしまう**ため、正しい集計ができなくなってしまう。

サンプルのデータでは、顧客名の表記が揃っていない。「社」という文字の有無、大文字と小文字など、さまざまな表記が混在している。

また、人間の目にわかりにくいのは、全角と半角だ。たとえば、左ページの上の例のE14セルは全角、E16セルは半角で書かれているのがわかるだろうか？　このような、ぱっと見でわかりにくい表記にも注意したい。

もうひとつ十分に注意を払いたいのが、スペース（空白文字）である。これも半角と全角は違うものと判断され、特に人名の入力でトラブルが起こりやすい。姓名の間のスペースの有無はユーザーの好みで入力されてしまうことが多いので、あらかじめ「スペースは入れない」などのルールを決めておこう。

全角・半角、大文字・小文字などの表記を揃える

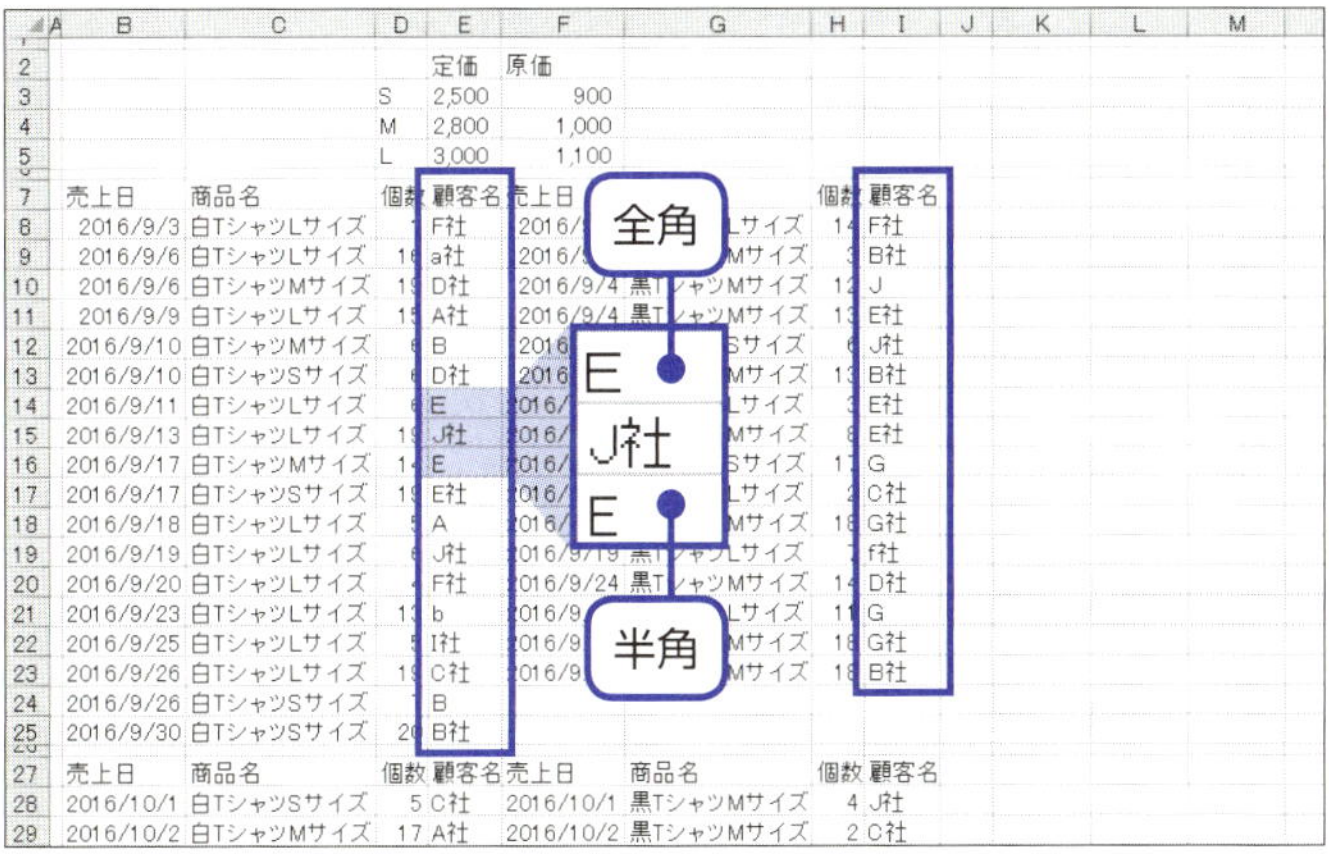

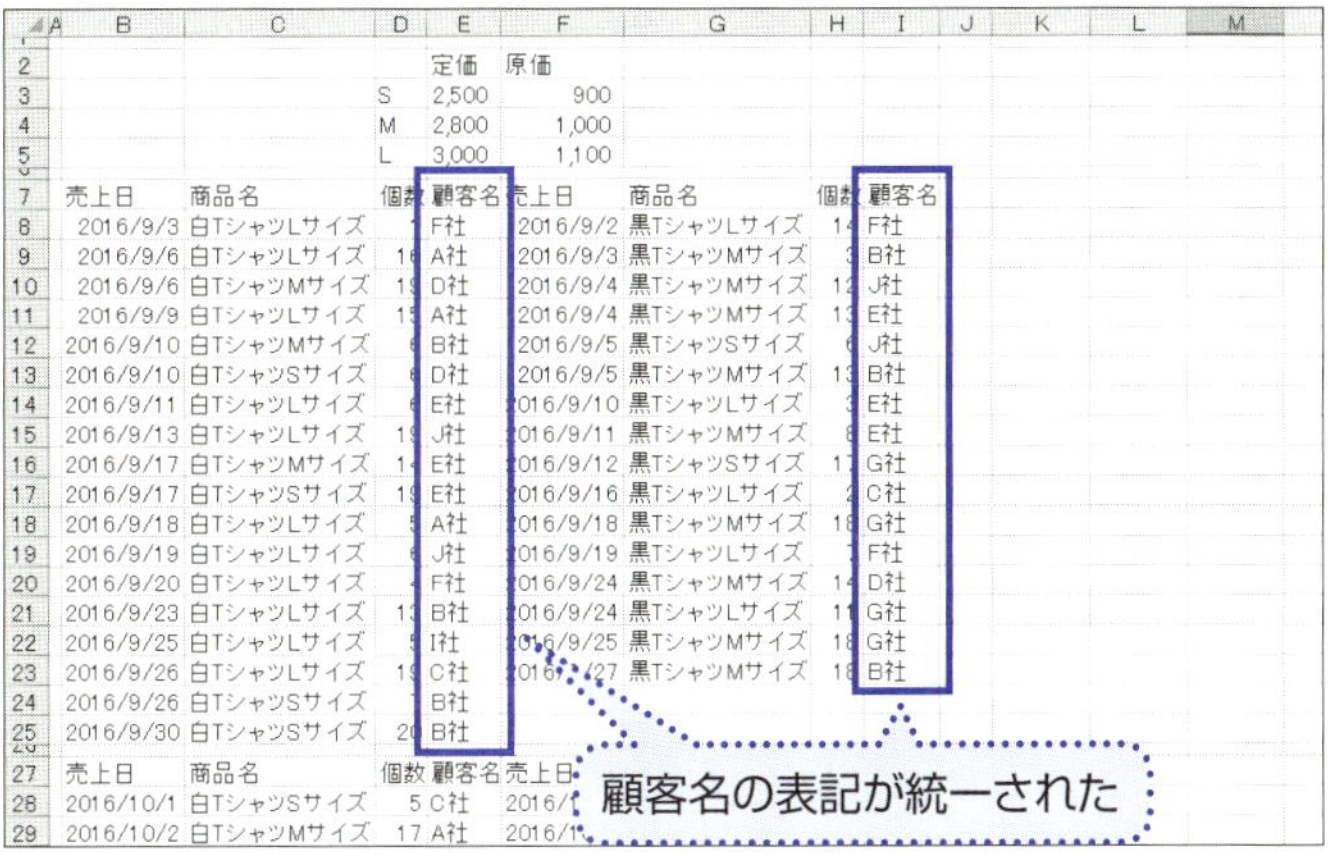

SECTION 11

アクセスのテーブルに対応するエクセルシートの作成

必読

トランザクションテーブル用のデータを作成する

表記の統一ができたら、「定価」「原価」を除いたデータを新たなシートにコピーし、これをアクセスでのトランザクションテーブル（34ページ参照）とする。なお、途中で空白セルがあると正常に取り込めないので、A1セルから空行がないように留意しよう。また、シート名を「販売データ」にしておく。

最初のデータでは「定価」を使った数式で「売上」などを計算していたが、アクセスではこのような数式は入っていないほうがよい。割引販売も想定されるので、「定価」とは別に、販売のたびにトランザクションデータとして「単価」を持っていたほうが、のちの変化に対応できるので、新たに追加する。

最後に「データ」タブから「並べ替え」を選択して、「売上日」を最優先されるキーに設定すると、日付順に並べ替えることができる。

「販売データ」シートを作成

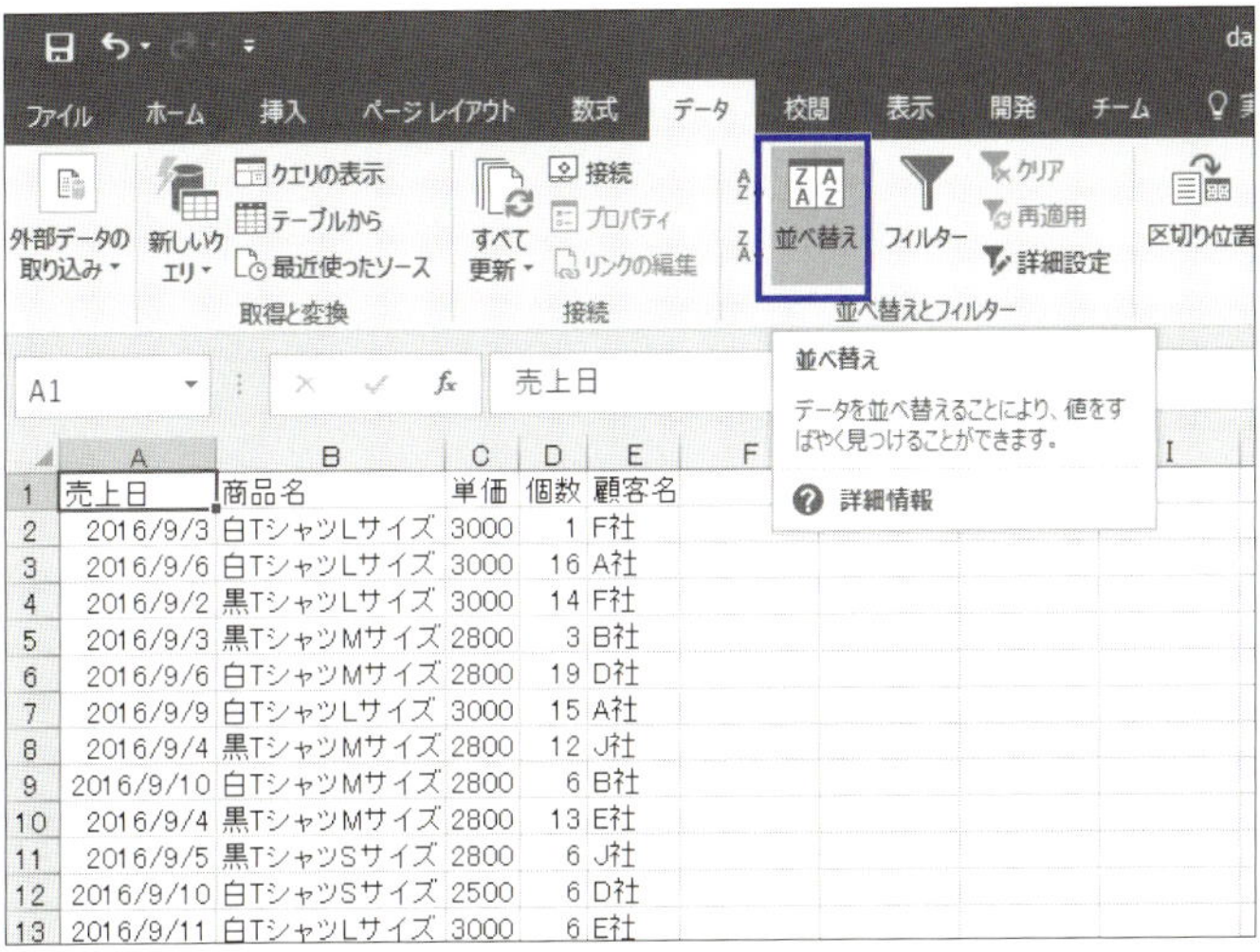

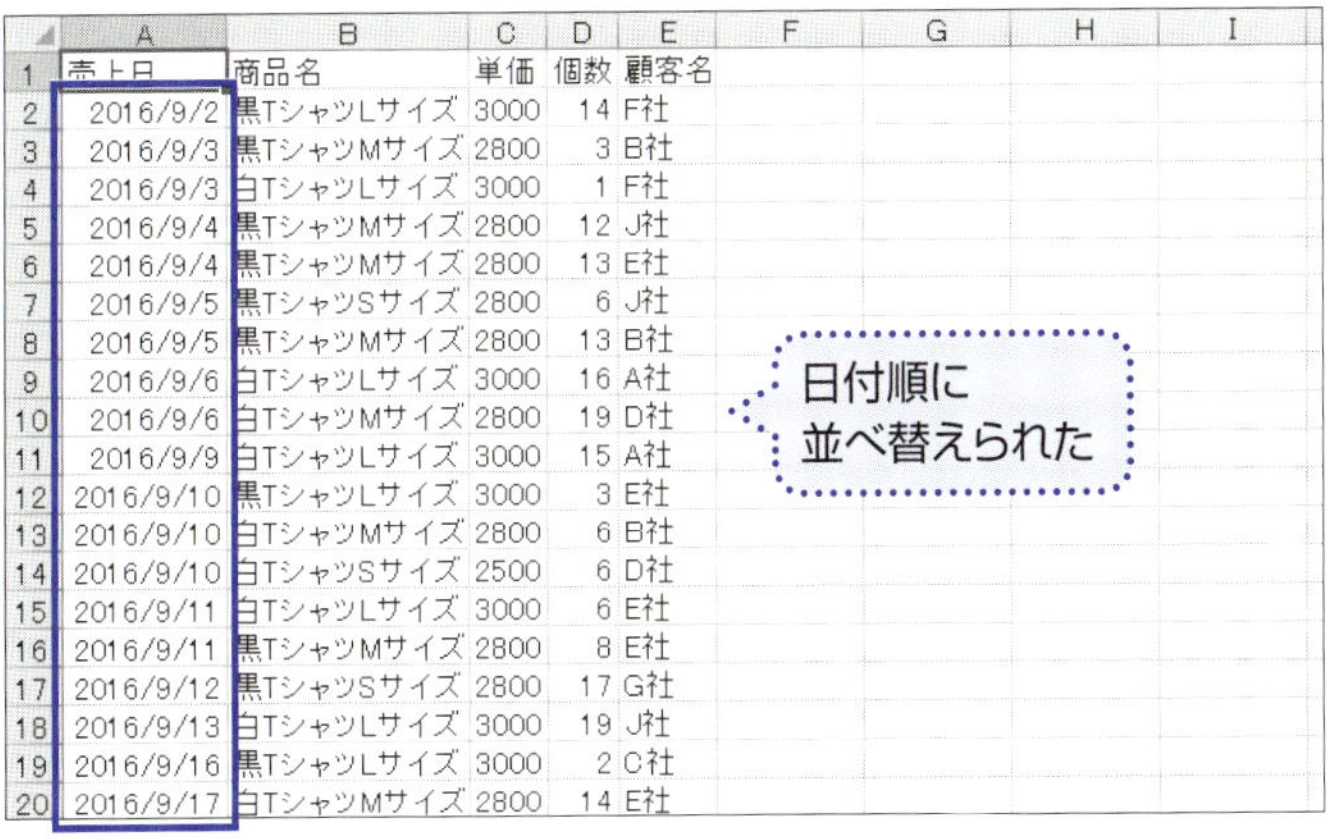

マスターテーブル用のデータと主キーを作成する

66ページでは使わなかった「定価」「原価」は、商品情報を扱うマスターデータとなるので、「商品マスター」という名前の新しいシートを作り、「商品名」とともに並べていく。48ページで、データベースではIDなどの重複しない値を作成して割り振るという解説を行ったが、この重複しない値を主キーと呼ぶ。このシートにも主キーとなる「商品ID」という項目を作っておこう。

また「顧客名」もマスターデータである。最初のシートには書かれていないが、顧客の住所などを管理しているものが存在するはずなので、その情報を統合して、データベースで管理したほうが効率的だ。

そのため「顧客マスター」という名前の新しいシートを作り、「販売データ」の「顧客名」をすべてコピーする。「データ」タブから「重複の削除」を行うと、同じ値が書かれている行が削除され、重複しない値のみ残すことができる。重複を削除したあと、主キーとなる「顧客ID」と付随する情報を追記し、「顧客マスター」テーブルを作成する。

「商品マスター」「顧客マスター」シートを作成

・商品マスター

商品ID	商品名	定価	原価
WT-01	白TシャツSサイズ	2500	900
WT-02	白TシャツMサイズ	2800	1000
WT-03	白TシャツLサイズ	3000	1100
BK-01	黒TシャツSサイズ	2500	900
BK-02	黒TシャツMサイズ	2800	1000
BK-03	黒TシャツLサイズ	3000	1100

主キーを作成

・顧客マスター

顧客ID	顧客名	郵便番号	住所	電話番号
K001	A社	342-0011	埼玉県吉川市深井新田0-0-0	000-0000-0000
K002	B社	108-0073	東京都港区三田0-0-0	000-0000-0000
K003	C社	270-1454	千葉県柏市柳戸00-0	000-0000-0000
K004	D社	197-0011	東京都福生市福生000-0-0	000-0000-0000
K005	E社	366-0801	埼玉県深谷市上野台0-000	000-0000-0000
K006	F社	197-0833	東京都あきる野市渕上00-00	000-0000-0000
K007	G社	340-0835	埼玉県八潮市浮塚00-00	000-0000-0000
K008	H社	239-0802	神奈川県横須賀市馬堀町0-0	000-0000-0000
K009	I社	254-0801	神奈川県平塚市久領堤0-0-0	000-0000-0000
K010	J社	176-0023	東京都練馬区中村北00-000	000-0000-0000

主キーを作成

付随情報を追記

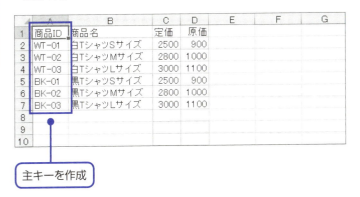

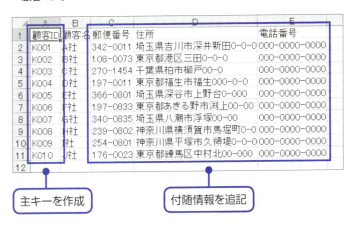

トランザクションテーブルの情報を置き換える

マスターテーブルの元となる「商品マスター」「顧客マスター」シートが作成された。続いて、トランザクションテーブルの元となる「販売データ」シートを仕上げよう。「販売データ」シートの「商品名」「顧客名」をそれぞれ「商品ID」「顧客ID」に置き換えておく必要がある。

「販売データ」テーブルにも主キーは必要だが、ここではあえて主キーを設定しないでおく。エクセルからアクセスにデータを取り込むときに、番号を自動で振ることが可能であり、今回は、この自動で振られる番号を「販売データ」テーブルの主キーに設定しようと思う（主キーの設定方法については82ページで詳しく説明する）。

左ページの例のように、トランザクションテーブルの「販売データ」、マスターテーブルの「商品マスター」「顧客マスター」という、3つのテーブルの元となるエクセルシートが完成した。

なお、元データのSheet1は削除してかまわない。

各テーブルの元データ

主キーで置き換える

・販売データ

	A	B	C	D	E	F	G	H
1	売上日	商品ID	単価	個数	顧客ID			
2	2016/9/2	BK-03	3000	14	K006			
3	2016/9/3	BK-02	2800	3	K002			
4	2016/9/3	WT-03	3000	1	K006			
5	2016/9/4	BK-02	2800	12	K010			
6	2016/9/4	BK-02	2800	13	K005			
7	2016/9/5	BK-01	2500	6	K010			
8	2016/9/5	BK-02	2800	13	K002			
9	2016/9/6	WT-03	3000	16	K001			
10	2016/9/6	WT-02	2800	19	K004			
11	2016/9/9	WT-03	3000	15	K001			

・商品マスター

	A	B	C	D	E	F	G
1	商品ID	商品名	定価	原価			
2	WT-01	白TシャツSサイズ	2500	900			
3	WT-02	白TシャツMサイズ	2800	1000			
4	WT-03	白TシャツLサイズ	3000	1100			
5	BK-01	黒TシャツSサイズ	2500	900			
6	BK-02	黒TシャツMサイズ	2800	1000			
7	BK-03	黒TシャツLサイズ	3000	1100			
8							

・顧客マスター

	A	B	C	D	E
1	顧客ID	顧客名	郵便番号	住所	電話番号
2	K001	A社	342-0011	埼玉県吉川市深井新田0-0-0	000-0000-0000
3	K002	B社	108-0073	東京都港区三田0-0-0	000-0000-0000
4	K003	C社	270-1454	千葉県柏市柳戸00-0	000-0000-0000
5	K004	D社	197-0011	東京都福生市福生000-0-0	000-0000-0000
6	K005	E社	366-0801	埼玉県深谷市上野台0-000	000-0000-0000
7	K006	F社	197-0833	東京都あきる野市渕上00-00	000-0000-0000
8	K007	G社	340-0835	埼玉県八潮市浮塚00-00	000-0000-0000
9	K008	H社	239-0802	神奈川県横須賀市馬堀町0-0	000-0000-0000
10	K009	I社	254-0801	神奈川県平塚市久領堤0-0-0	000-0000-0000

SECTION 12

アクセスでデータベースファイルを作成する

必読

空のデスクトップデータベースの作成

エクセル側の準備が完了したら、いよいよアクセスでデータベースを作っていこう。アクセスを起動し、「空のデスクトップデータベース」を選ぶ。任意の場所を選択し、ファイル名を付けて「作成」をクリックしてみよう。本書では「SampleData.accdb」という名前のデータベースを作成する。

すると、一見エクセルのシートに似ている画面が表示される。これが、テーブルである。新規でデータベースファイルを作成すると、自動で「テーブル1」という名前の空のテーブルが作られる。このあと、このテーブル名の変更などの設定を行い、エクセルのデータを取り込む。

なお、アクセスのデータベースファイルであるaccdbだが、ファイル1つで、「単体データベース」（22ページ参照）はもちろん、「データベースアプリケーション」（24ページ参照）まで実現することができる。

アクセスの初期画面

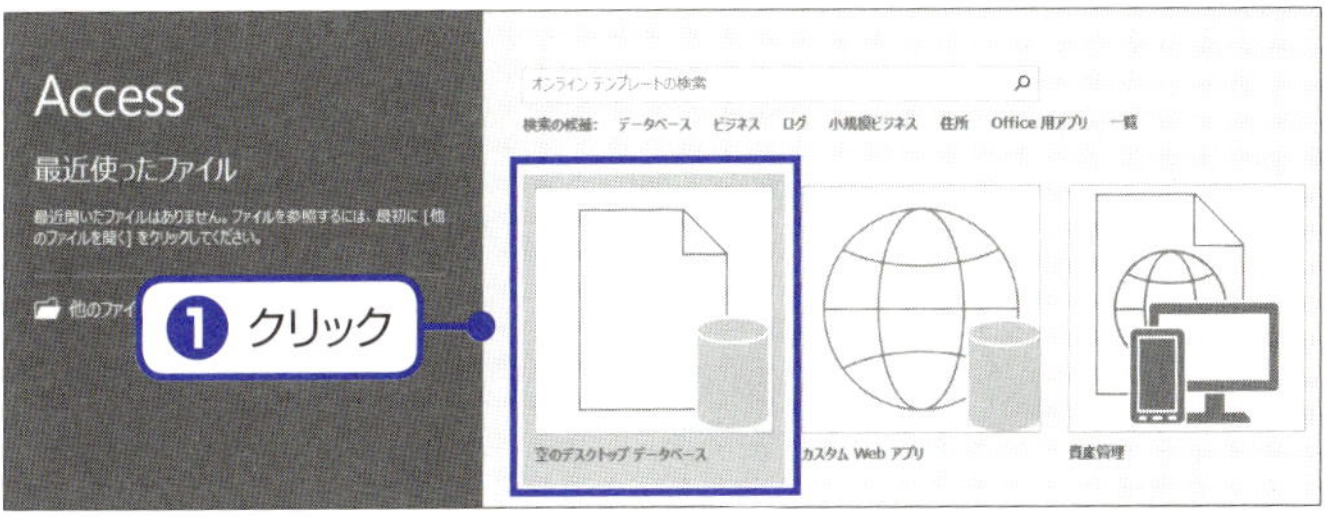
Access
最近使ったファイル
空のデスクトップ データベース
カスタム Web アプリ
資産管理
1 クリック

空のデスクトップ データベース
ファイル名
SampleData.accdb
C:¥Users¥user1¥Documents¥
作成
3 クリック
2 場所とファイル名を指定

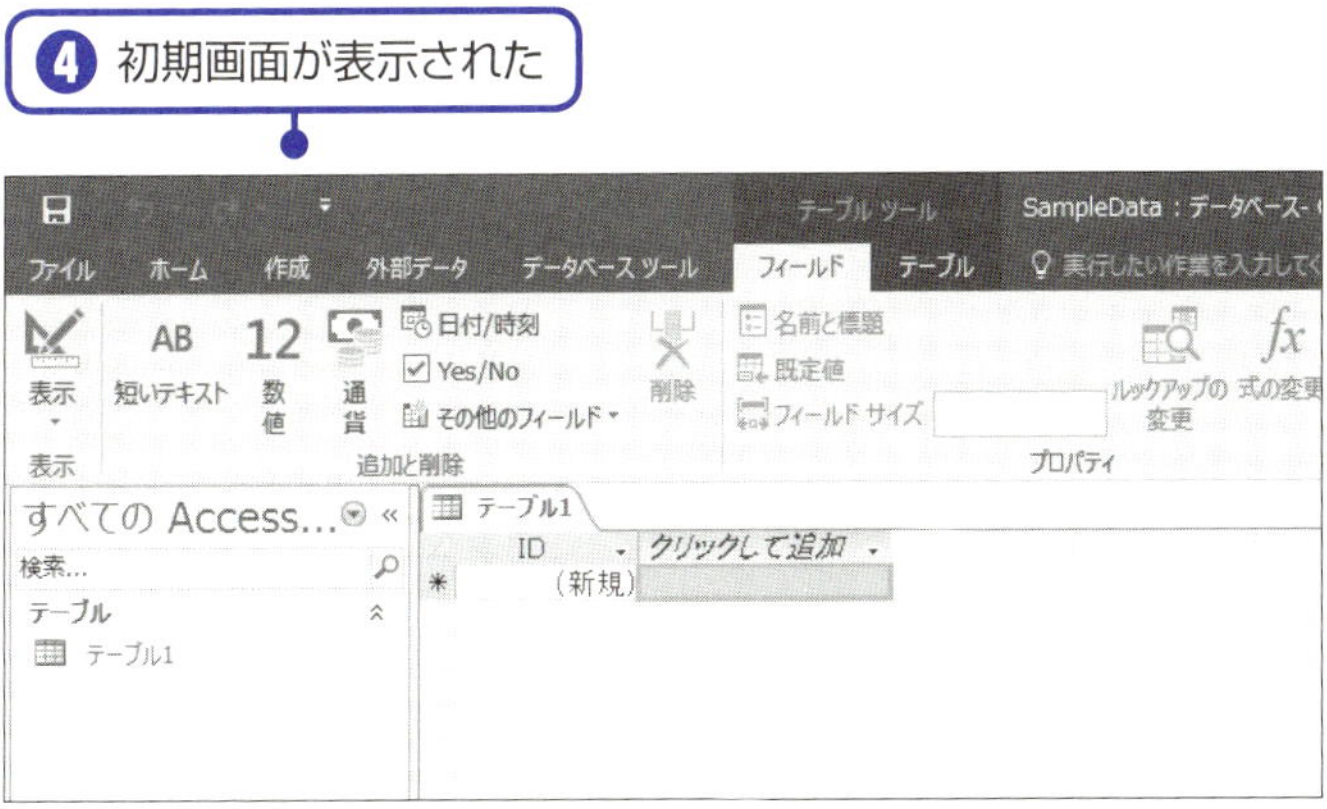
4 初期画面が表示された
テーブル ツール
SampleData：データベース-
ファイル
ホーム
作成
外部データ
データベース ツール
フィールド
テーブル
表示
短いテキスト
数値
通貨
日付/時刻
Yes/No
その他のフィールド
削除
名前と標題
既定値
フィールド サイズ
ルックアップの変更
追加と削除
プロパティ
すべての Access...
検索...
テーブル
テーブル1
ID
クリックして追加
(新規)

アクセス画面の名称

アクセスは機能が多いので、最初に画面の名称を覚えておこう。

「クイックアクセスツールバー」には、デフォルトでは「上書き保存」「元に戻す」「やり直し」のアイコンが登録されている。追加もできるので、よく使う機能を登録しておくのもよいだろう。

「リボン」はマイクロソフトオフィスの２００７から実装された機能で、操作コマンドをグループごとに分類して見つけやすいようになっている。

画面左の「ナビゲーションウィンドウ」には、作成する「テーブル」「クエリ」「レポート」「フォーム」など、アクセスで使う部品の一覧が表示される。

アクセスを操作していくうえで理解しておきたいのが、「ビュー」という表示モードだ。特にテーブルとクエリを扱うときには「データシートビュー」と「デザインビュー」というモードを多用する。「データシートビュー」ではデータの閲覧・操作を行い、「デザインビュー」ではテーブル・クエリの設定を行う。

表示モードは、「ステータスバー」、「ナビゲーションウィンドウ」のテーブル名を右クリック、または「ホーム」タブの「表示」から切り替えることができる。

アクセスの画面・各部名称

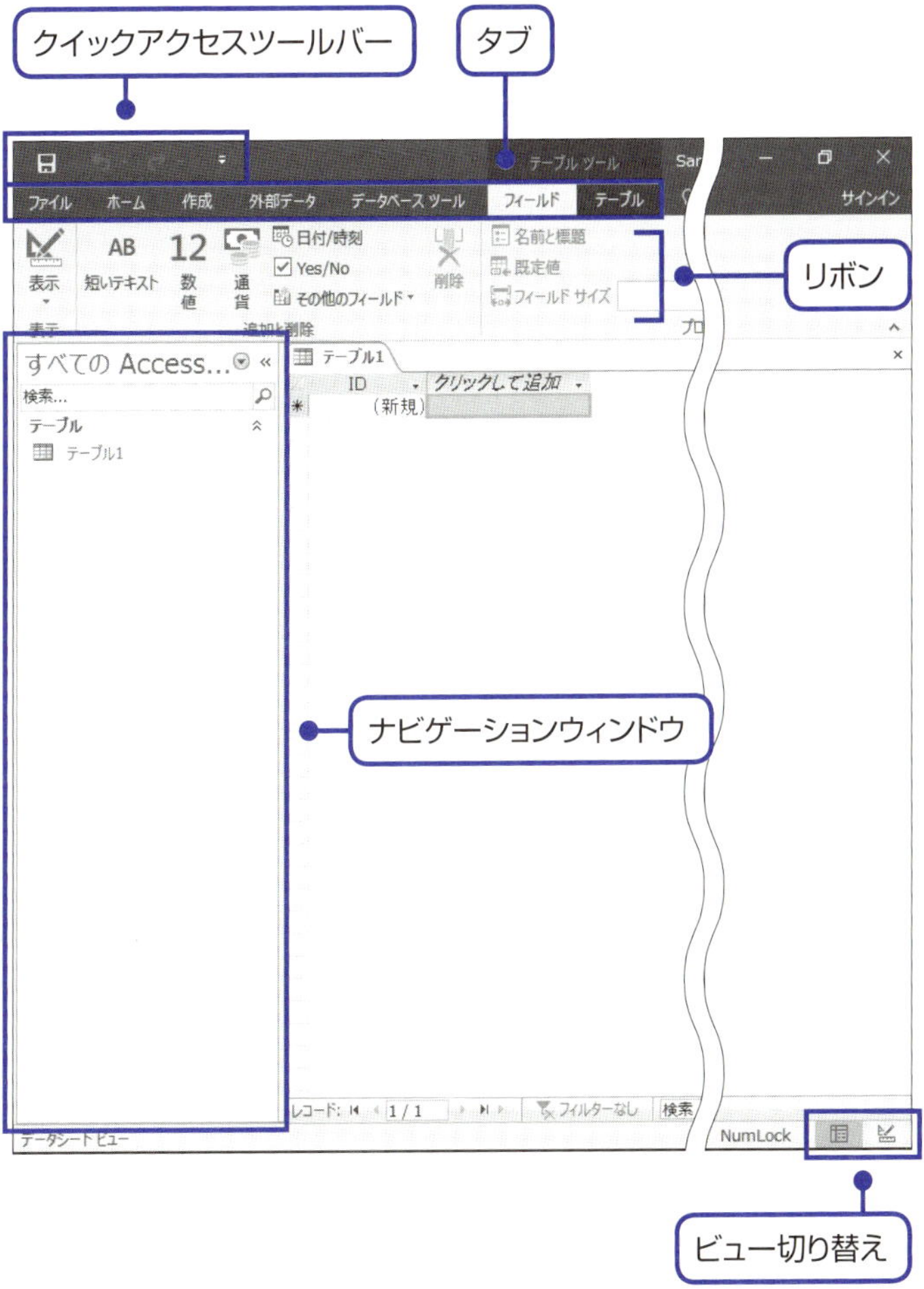

SECTION 13

テーブルを作成する前に決めておくこと

必読

必要なフィールドと、その属性である「データ型」

データベースを作成する際、はじめにデータベースを使って「どんな集計がしたいのか」ということを考える必要がある。そして、集計に必要なフィールド（30ページ参照）を設定していくのがスムーズだ。

設定するフィールドが決まったら、その属性となるデータ型も一緒に決定する。ここがエクセルとの大きな違いだ。たとえば「売上日」フィールドには「日付型」、「個数」フィールドには「数値型」などのデータ型を設定しておくと、その型に当てはまらないデータは、フィールドに収めることができなくなる。

今回は、エクセルのシートにある列をフィールドとして設定する。そのため、エクセルのシートに収められているデータをよく判断して、アクセスのフィールドのデータ型を決定する必要がある。

フィールドとデータ型

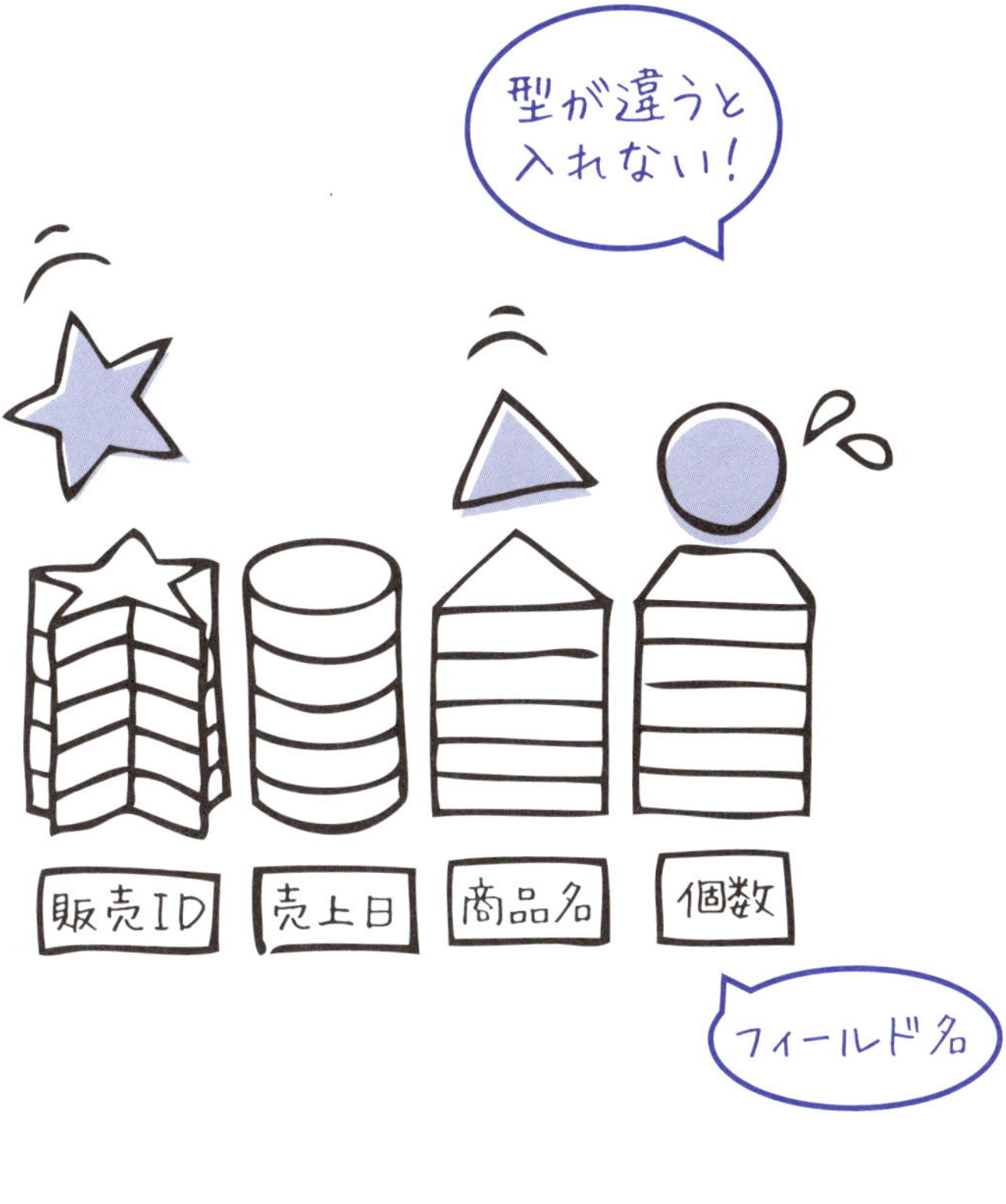

よく使われるデータ型

データ型にはさまざまな種類があるが、よく使われるのが、「数値型」、「日付／時刻型」、「テキスト型」の3つである。

数値型の中にも種類があり、整数を扱うならば「長整数型」、小数点以下の数値を扱うならば「倍精度浮動小数点型」にしておくとよい。

日付／時刻型は、日付と時刻、日付だけ、時刻だけなどさまざまな書式を選ぶことができる。書式を指定しないと、Windowsの「地域と言語」の「国または地域」の時刻設定がデフォルトとなる。

テキスト型には、「短いテキスト」と「長いテキスト」という2つの型があり、短いテキストへは最大255文字まで入力することができる。255文字以内に収まるか否かでどちらかを選べばよい。

そのほかには、数値型の仲間で「オートナンバー型」がある。これはレコードを登録するたびに自動で割り振られる整数で、トランザクションテーブルの主キーによく使われる。70ページで説明したように、「販売データ」テーブルの主キーにはこのデータ型を利用する。

データ型

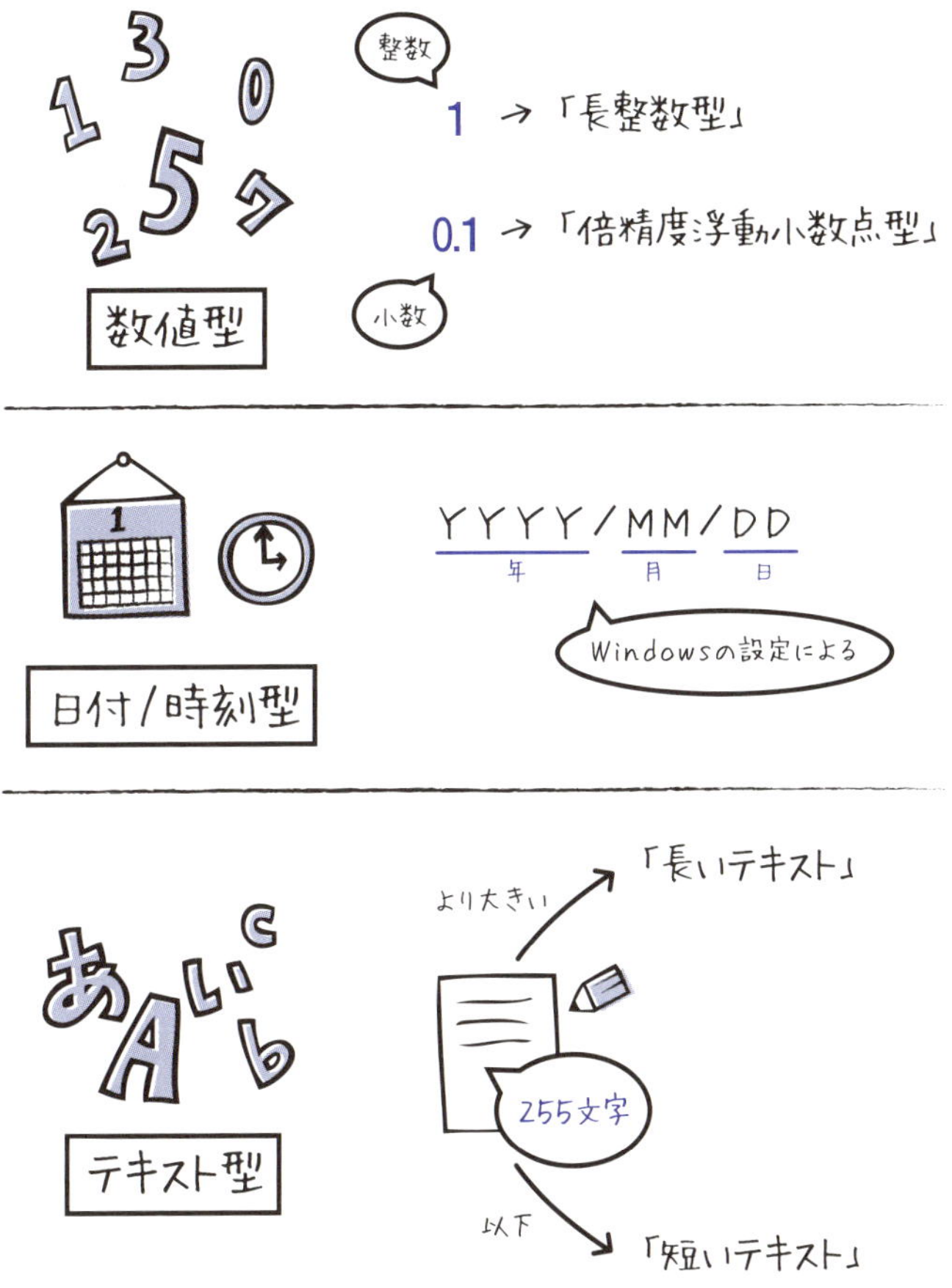
数値型
整数
1 → 「長整数型」
0.1 → 「倍精度浮動小数点型」
小数
日付/時刻型
YYYY/MM/DD
年
月
日
Windowsの設定による
テキスト型
255文字
より大きい
「長いテキスト」
以下
「短いテキスト」

SECTION 14

テーブルを作成し必要事項を設定する

必読

テーブルの作成と、名前を付けて保存

72ページで作成した新規のデータベースに、テーブルを作っていこう。既に「テーブル1」という名前のテーブルができているので、テーブル名のタブを右クリックして「上書き保存」を選択すると、テーブルに名前を付けることができる。まずは「販売データ」というテーブル名で保存する。

次に、「作成」タブから「テーブル」を選ぶと、また新たに「テーブル1」という新規テーブルができる。同じ手順で、「商品マスター」と「顧客マスター」のテーブルを作成する。

現在表示されているのは「データシートビュー」なので、74ページを参考に「販売データ」テーブルの表示モードを「デザインビュー」へ切り替えて、フィールド名やデータ型の設定を行っていこう。

テーブルを作成する

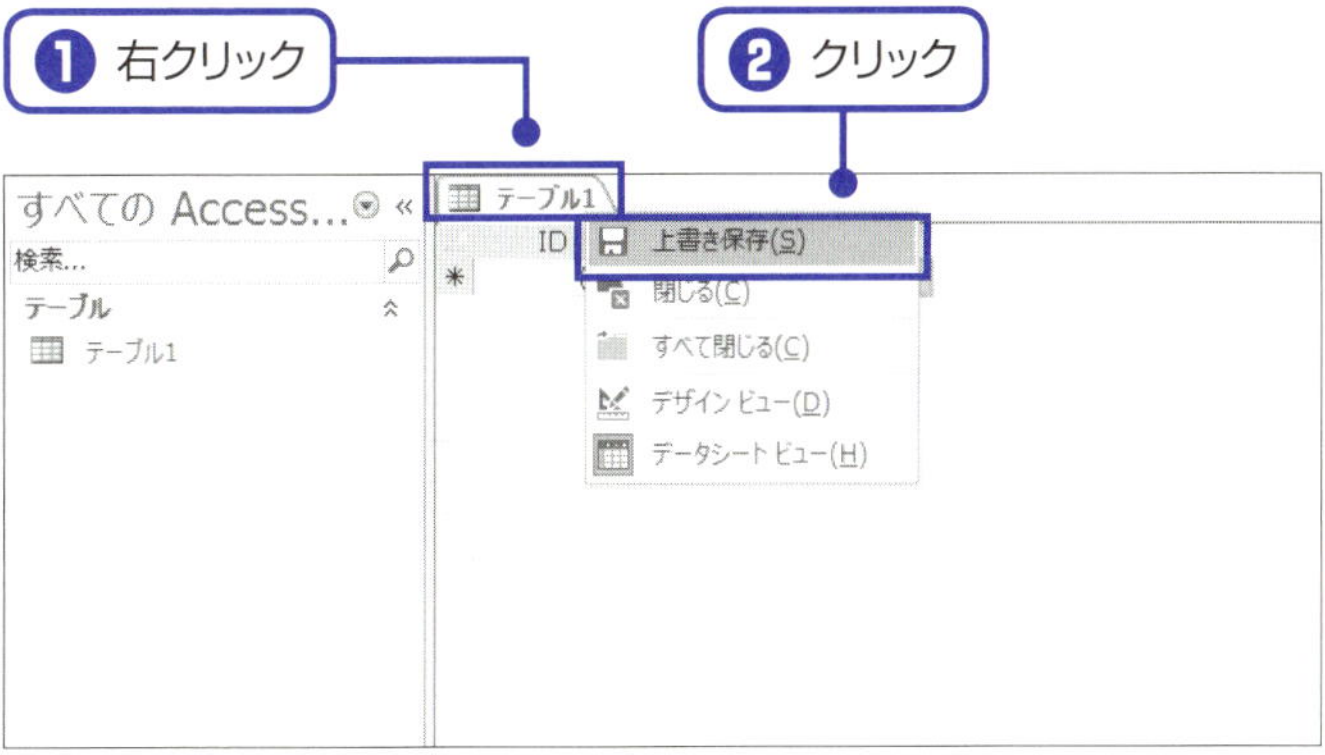
❶ 右クリック
❷ クリック
すべての Access...
検索...
テーブル
テーブル1
ID
上書き保存(S)
閉じる(C)
すべて閉じる(C)
デザイン ビュー(D)
データシート ビュー(H)

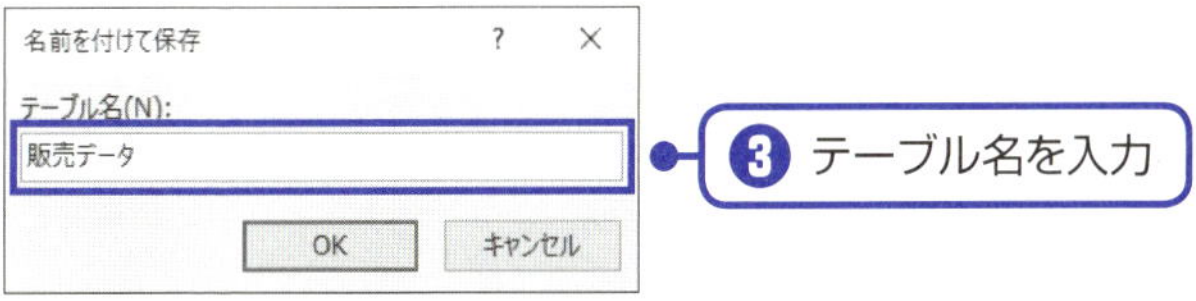
名前を付けて保存
テーブル名(N):
販売データ
OK
キャンセル
❸ テーブル名を入力

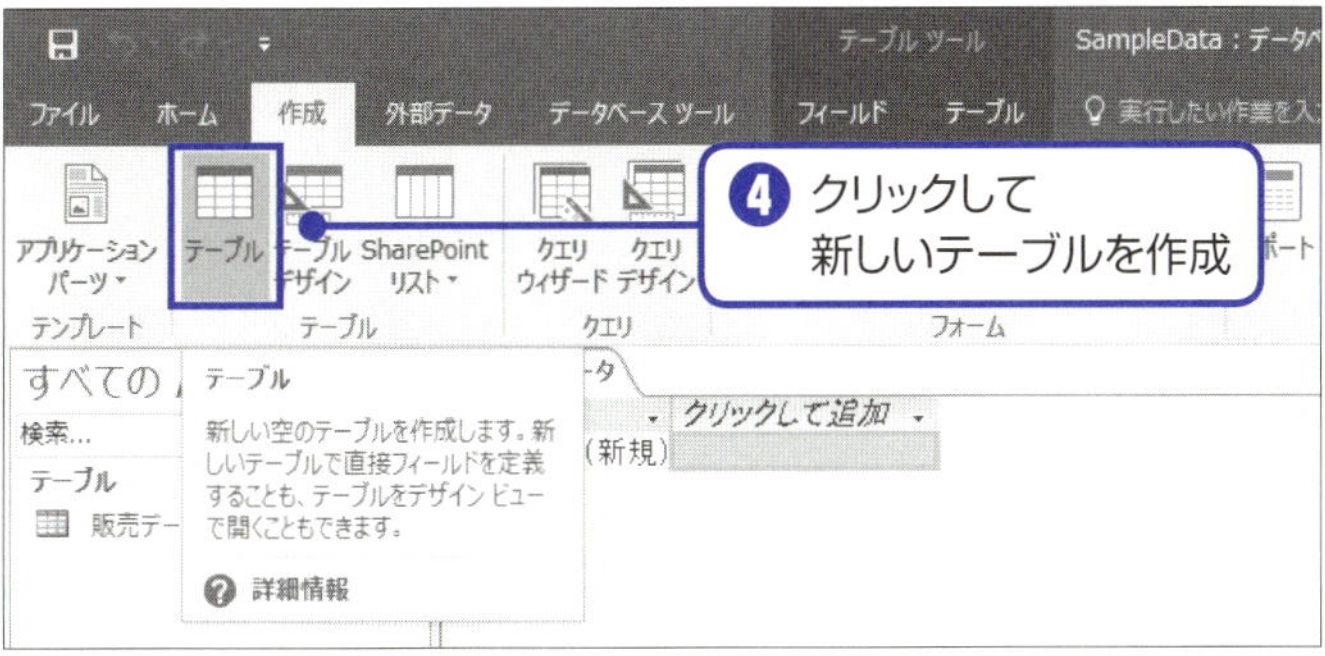
テーブル ツール
SampleData : データベ
ファイル
ホーム
作成
外部データ
データベース ツール
フィールド
テーブル
実行したい作業を入
アプリケーション パーツ
テーブル
テーブル デザイン
SharePoint リスト
クエリ ウィザード
クエリ デザイン
テンプレート
クエリ
フォーム
❹ クリックして新しいテーブルを作成
テーブル
新しい空のテーブルを作成します。新しいテーブルで直接フィールドを定義することも、テーブルをデザイン ビューで開くこともできます。
詳細情報
検索...
販売デー
クリックして追加
(新規)

フィールド名、データ型、主キーを設定する

作成したテーブルを「デザインビュー」で表示したら、フィールド名とデータ型を左ページの例にならって設定していく。

「単価」「定価」「原価」など値段にかかわるものや「個数」は数値型、「売上日」は日付／時刻型、それ以外は基本的に短いテキストでよいだろう。数値と記号やアルファベットを組み合わせた「商品ID」「顧客ID」「郵便番号」「電話番号」などは数値型のフィールドに収められないので、短いテキストにしておく。備考などがあるならば、長いテキストにしておいてもよい。

68ページで解説した主キーもこの画面で設定する。一般的に主キーは一番先頭のフィールドにIDなどの形で割り振られることが多いので、テーブルを作成した時点で既に設定されている。なお、フィールドを右クリックして表示されるメニューからも主キーを設定することができる。

「販売データ」テーブルの主キーは、「販売ID」という名前にする。このテーブルは販売のたびにデータが増えていき、削除や更新などの頻度も高い。このようなトランザクションテーブルの主キーは、オートナンバー型が向いている。

各テーブルの設定

- 販売データ

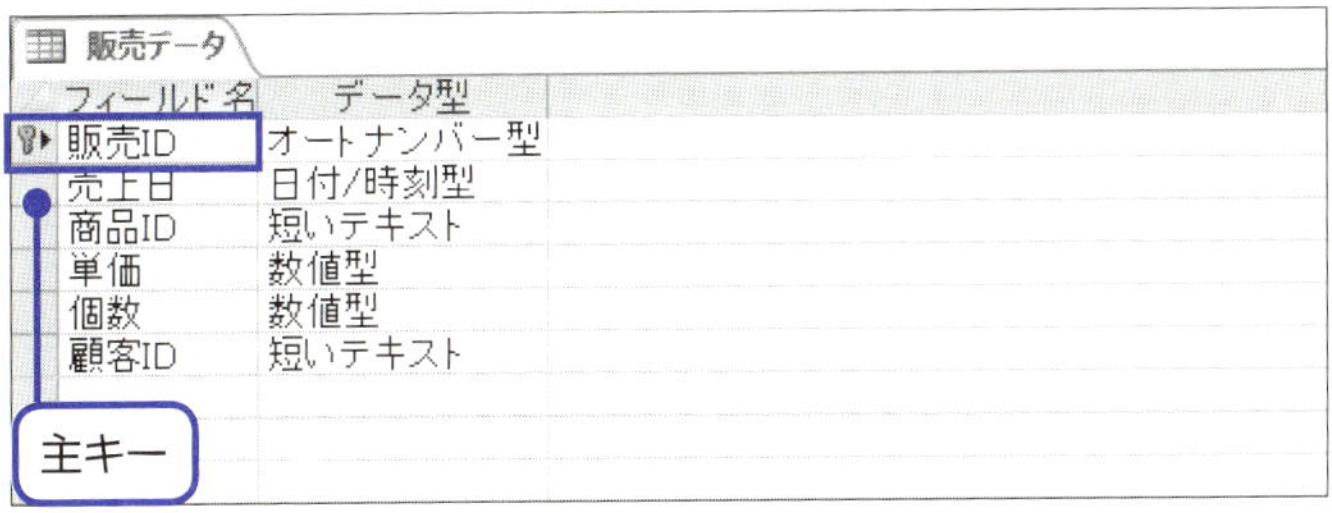

フィールド名	データ型
販売ID	オートナンバー型
売上日	日付/時刻型
商品ID	短いテキスト
単価	数値型
個数	数値型
顧客ID	短いテキスト

- 商品マスター

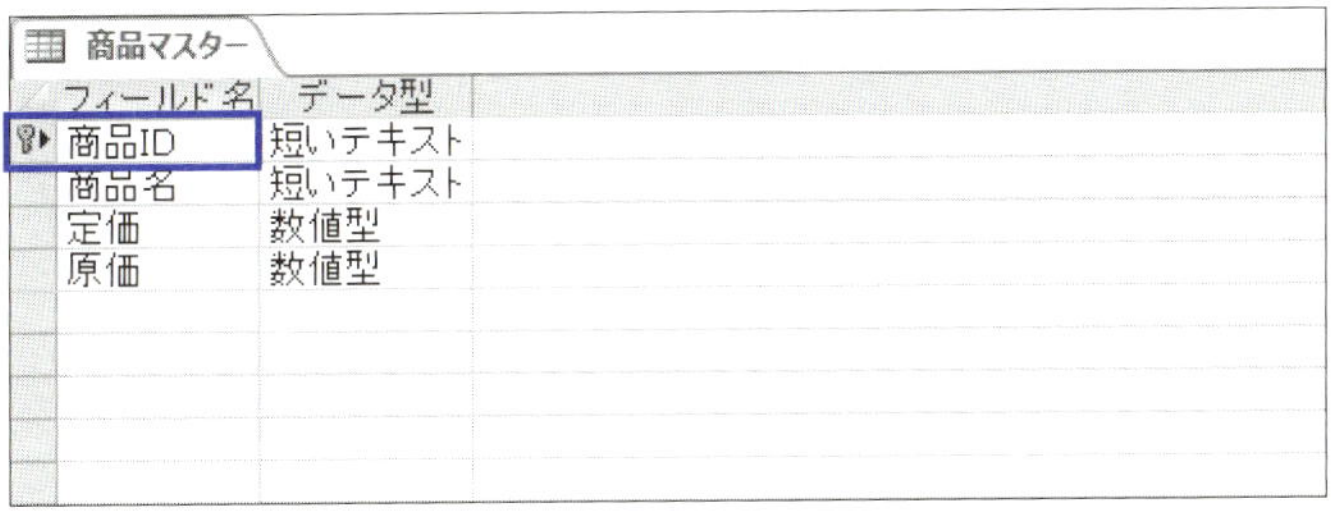

フィールド名	データ型
商品ID	短いテキスト
商品名	短いテキスト
定価	数値型
原価	数値型

- 顧客マスター

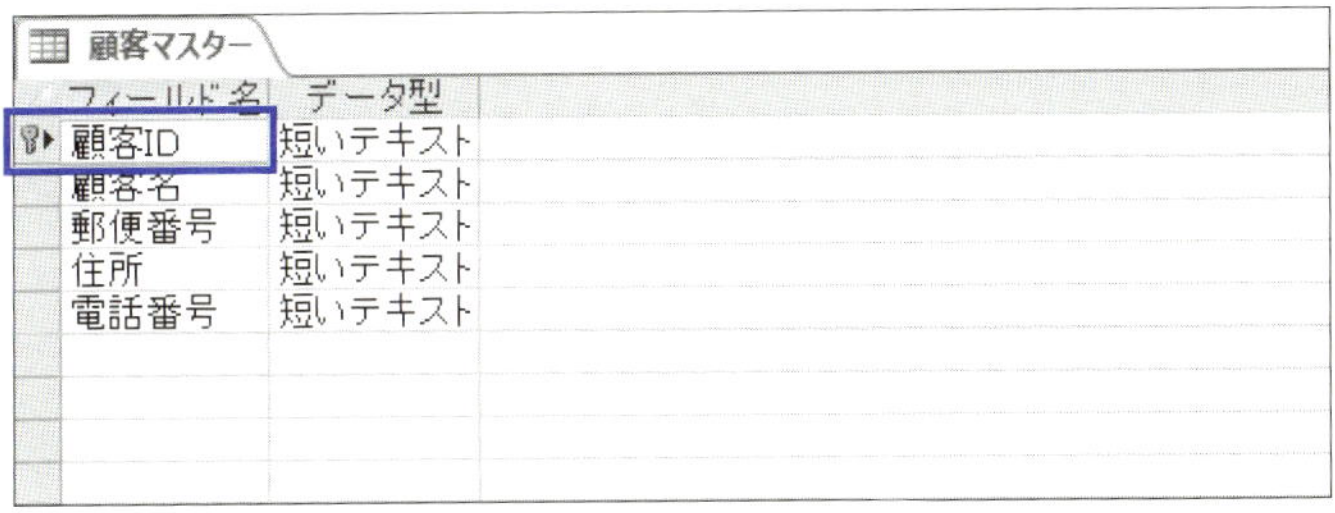

フィールド名	データ型
顧客ID	短いテキスト
顧客名	短いテキスト
郵便番号	短いテキスト
住所	短いテキスト
電話番号	短いテキスト

ルックアップ機能を設定して入力をかんたんにする

ここまでの操作でテーブルは完成したが、もうひとつ大事な設定を行っておきたい。データベースの機能を損なわないための、重要な設定だ。

「販売データ」テーブルへデータを収める際、「商品ID」「顧客ID」は必ずマスターテーブルにあるものとまったく同じ形の文字列でなくてはならない。繰り返し説明してきた通り、コンピューターは1文字違うだけで「同じもの」として認識できなくなってしまうからだ。

だが、全角・半角・大文字・小文字などの表記を、絶対に間違わずに入力するのは難しい。その入力をかんたんにするのが、ルックアップという機能だ。

「商品ID」フィールドを選択して、画面下のフィールドプロパティから「ルックアップ」タブを選択し、表示コントロールを「コンボボックス」に変更する。すると表示したいリスト元を設定できるので、値集合タイプを「テーブル／クエリ」、値集合ソースを「商品マスター」に設定する。設定後、「販売データ」を「データシートビュー」で見ると、「商品ID」を選択した際、「商品マスター」テーブルの1列目がリストとして表示される。「顧客ID」へも、値集合ソースを「顧客マスター」にして同じように設定する。

ルックアップフィールド

・ルックアップの設定

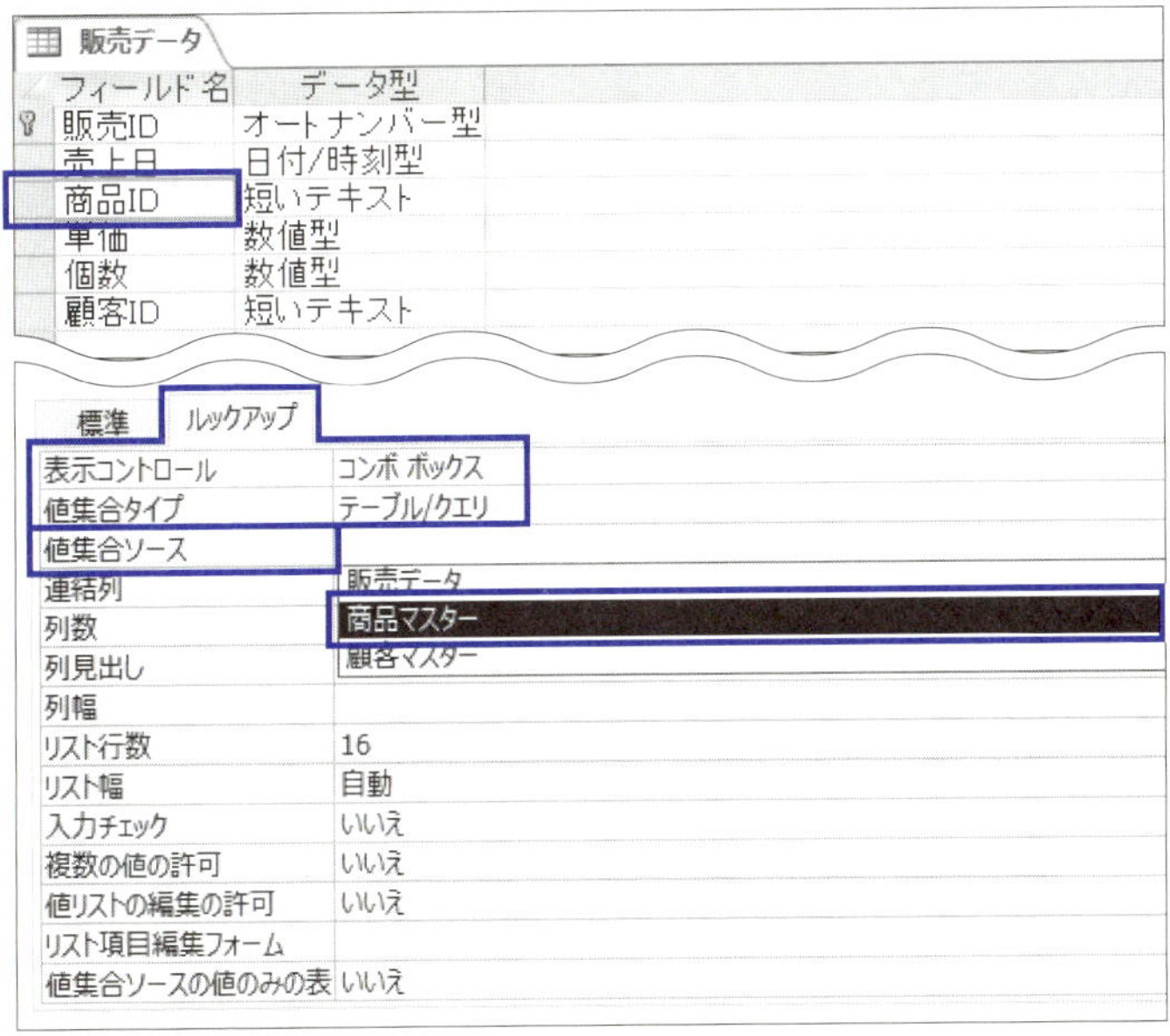

・商品ID設定後の例

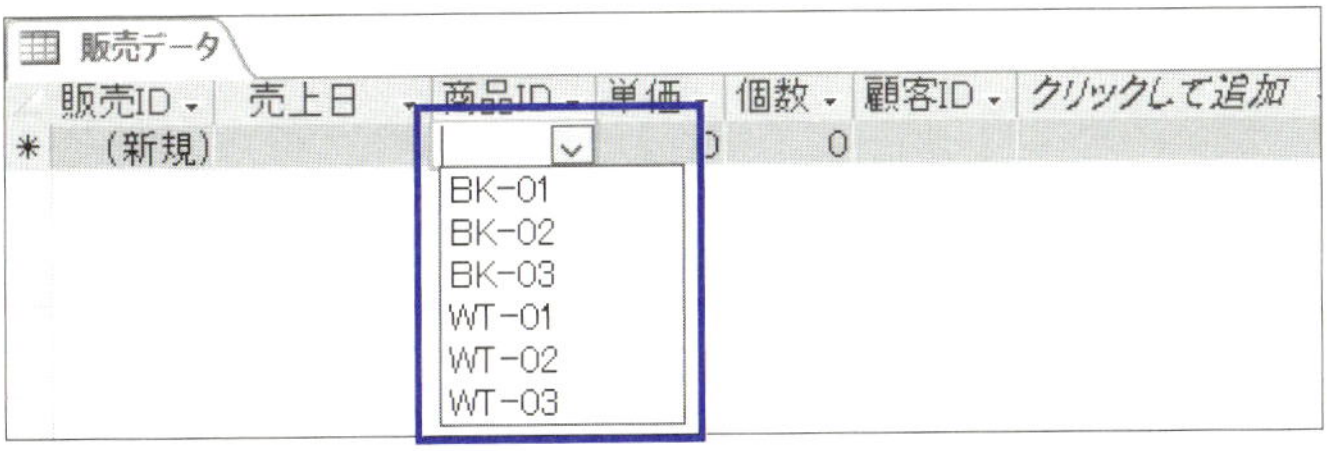

※実際にリストとして表示されるのは、92ページの操作以降。

SECTION 15

リレーションシップを設定して複数テーブルを関連付ける

必読

テーブルを結合して情報を取得するしくみ

トランザクションテーブルである「販売データ」から、「商品ID」と「顧客ID」を「参照」すればマスターテーブルの情報を調べることができるので、必要最低限のデータだけで済むという説明をしてきたが、参照とは具体的にはどのように行為なのだろうか？

参照には、テーブルに設定した主キーを使う。**主キーは重複することがないため、主キーをたどれば、必ず目的のデータを探し当てることができる**。そして主キーのもうひとつの役目は、**互いに独立したテーブルを関連付ける**ことだ。

「商品ID」は「商品マスター」テーブルで主キーになっているが、「販売データ」テーブルにも同じ「商品ID」があり、これを**外部キー**と呼ぶ。そして、この共通したフィールドをキーにして2つのテーブルを関連付けることを**リレーションシップ**または「**リレーションを張る**」と呼ぶ。共通のフィールドを使って、複数のテーブルを結合させ、ほかのテーブルの情報を取得するしくみなのだ。

主キーと外部キー

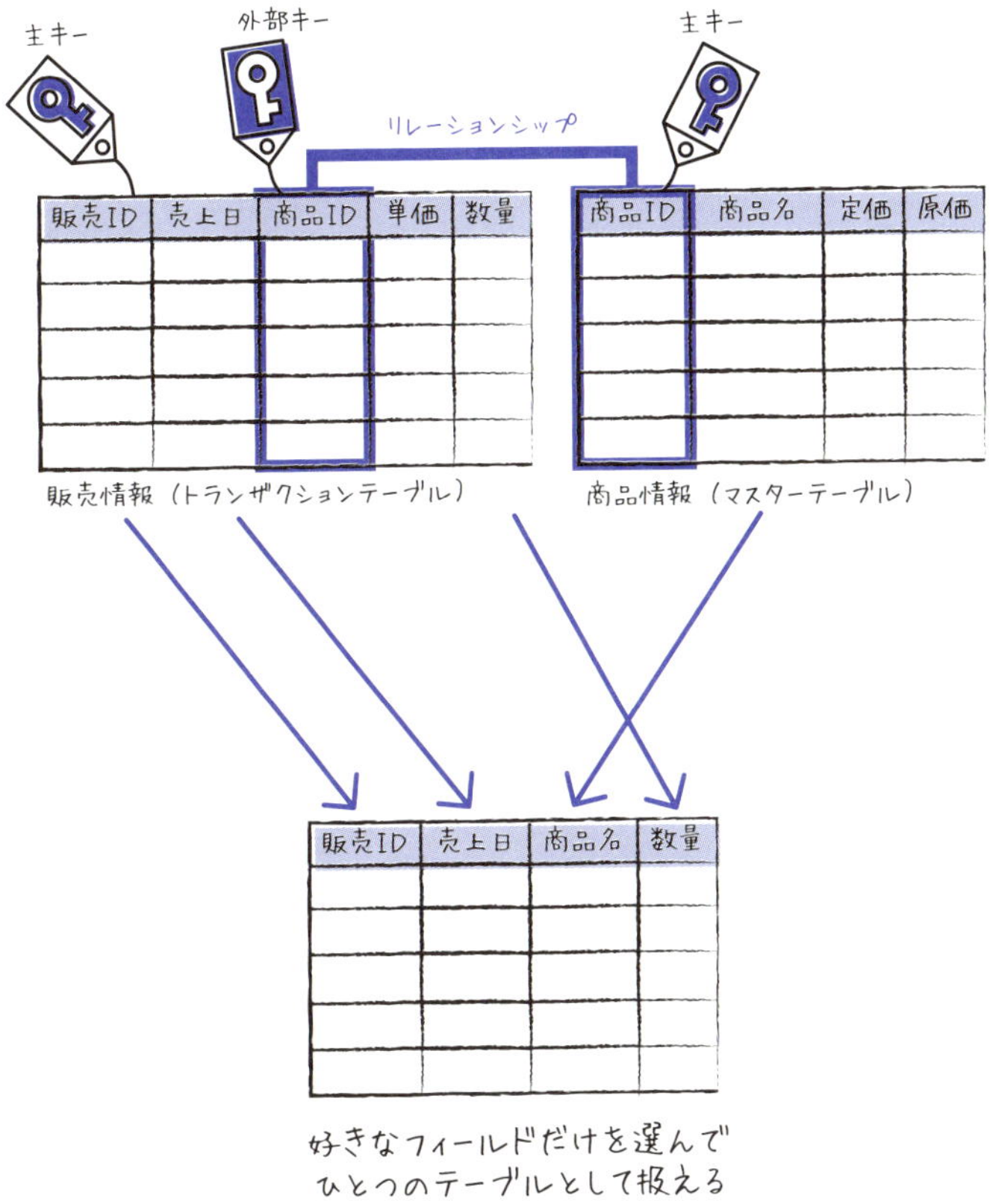
主キー
外部キー
主キー
リレーションシップ
販売ID
売上日
商品ID
単価
数量
商品ID
商品名
定価
原価
販売情報（トランザクションテーブル）
商品情報（マスターテーブル）
販売ID
売上日
商品名
数量
好きなフィールドだけを選んで
ひとつのテーブルとして扱える

リレーションシップの設定

実際に3つのテーブルにリレーションシップを設定してみよう。「データベースツール」タブから「リレーションシップ」を選択すると、リレーションシップを設定する画面となる。「テーブルの表示」ウィンドウが開くので、Ctrlキーを押しながらすべてのテーブルを選択して「追加」をクリックすると、画面に3つのテーブルが表示される。「テーブルの表示」ウィンドウは閉じてしまおう。

この3つのテーブルに、実際にリレーションを張ってみよう。「商品マスター」テーブルの「商品ID」を、「販売データ」テーブルの「商品ID」に重なるようにマウスでドラッグすると、「リレーションシップ」というウィンドウが表示される。お互いの共通するフィールドが選択されていることを確認して「作成」をクリックする。

すると、「商品ID」どうしが線で繋がれたのが確認できただろうか？　これが、リレーションが張られている状態である。

同じように「顧客マスター」テーブルの「顧客ID」を、「販売データ」テーブルの「顧客ID」に重なるようにドラッグして、リレーションを張ってみよう。

リレーションを張る

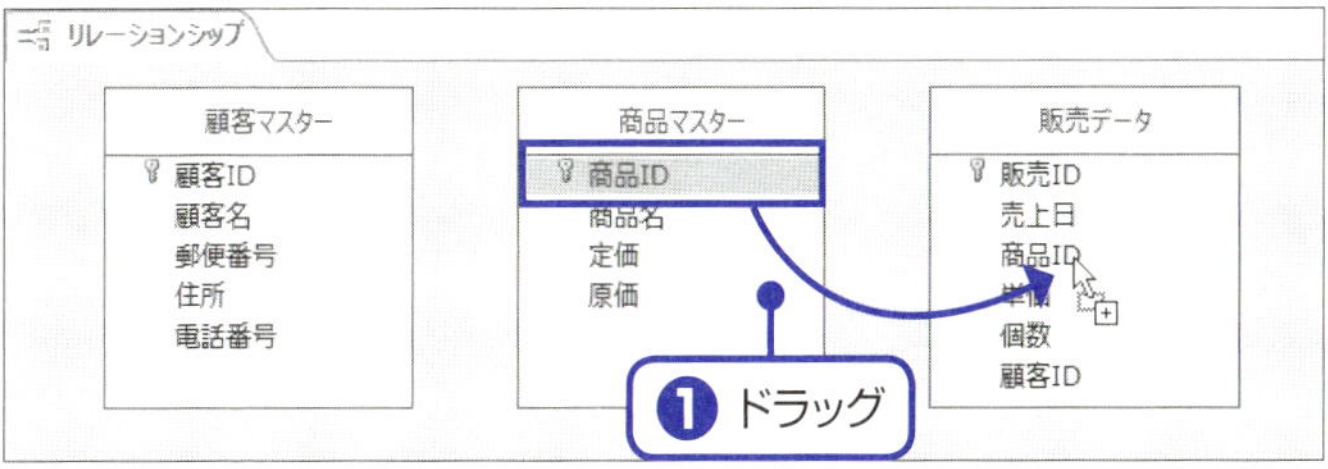
リレーションシップ
顧客マスター
顧客ID
顧客名
郵便番号
住所
電話番号
商品マスター
商品ID
商品名
定価
原価
販売データ
販売ID
売上日
商品ID
個数
顧客ID
❶ ドラッグ

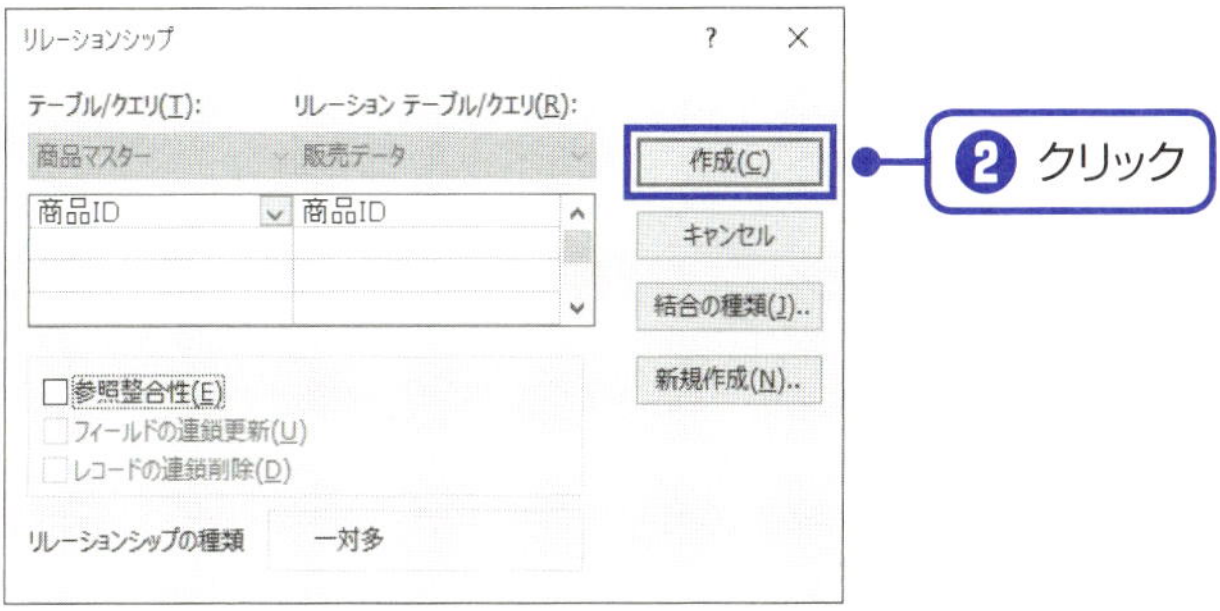
リレーションシップ
テーブル/クエリ(T):
リレーション テーブル/クエリ(R):
商品マスター
販売データ
商品ID
商品ID
作成(C)
キャンセル
結合の種類(J)..
新規作成(N)..
参照整合性(E)
フィールドの連鎖更新(U)
レコードの連鎖削除(D)
リレーションシップの種類
一対多
❷ クリック

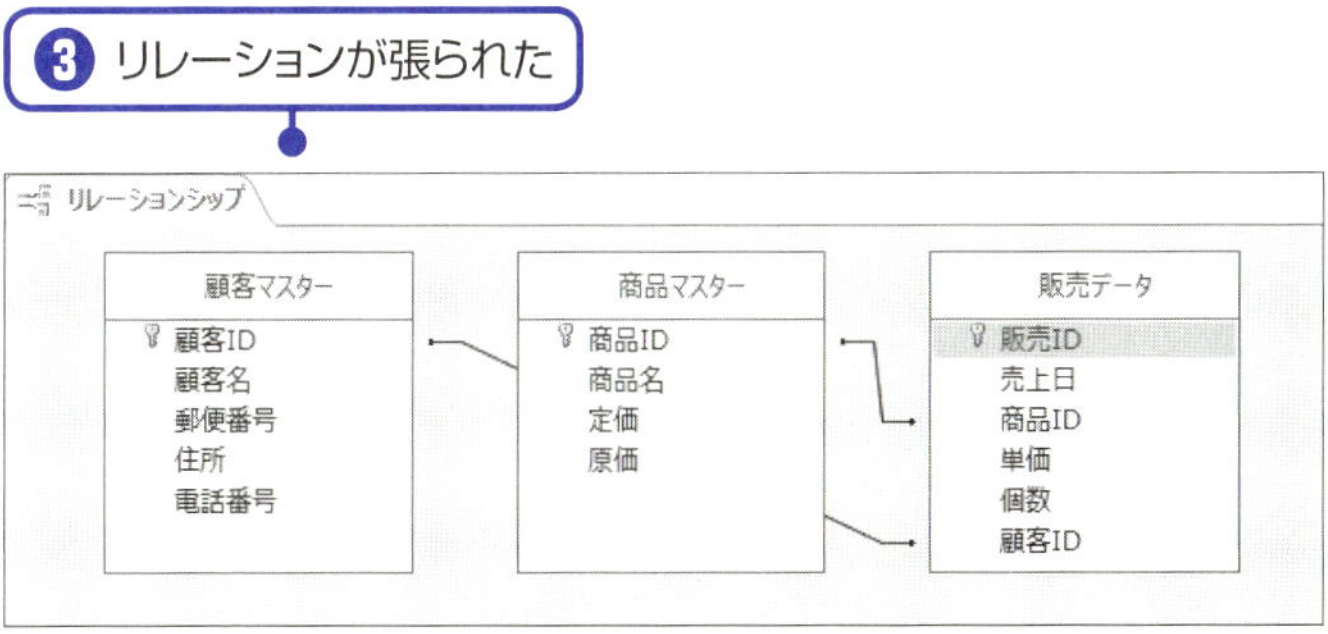
❸ リレーションが張られた
リレーションシップ
顧客マスター
顧客ID
顧客名
郵便番号
住所
電話番号
商品マスター
商品ID
商品名
定価
原価
販売データ
販売ID
売上日
商品ID
単価
個数
顧客ID

テーブルどうしの整合を保つ、参照整合性

89ページで、リレーションシップを設定するウィンドウに参照整合性という項目があった。ここへチェックを入れると、お互いのテーブルの整合を崩さないようにする入力規則が適用される。

具体的に説明すると、「販売データ」と「商品マスター」を、「商品ID」をキーに参照整合性ありでリレーションを張った場合、「商品マスター」に存在する「商品ID」しか「販売データ」には収められなくなったり、「販売データ」に存在する「商品ID」は、「商品マスター」から変更・削除できなくなったりする。

なお、参照整合性にチェックを入れると、その下の「フィールドの連鎖更新」「レコードの連鎖削除」という項目を設定することができる。これを設定すると、整合を保ったまま「商品マスター」の「商品ID」を変更・削除することができるようになるため、「販売データ」の「商品ID」も連動して変更・削除されることになる。

参照整合性は、データベースの管理としては便利な機能だが、実務にそぐわないケースがあることを留意しておきたい。たとえば、新商品の「商品ID」が発行される前に「販売データ」に暫定的にデータを入力したい、といったケースには対応できない。

参照整合性を設定すると

- 連鎖なし

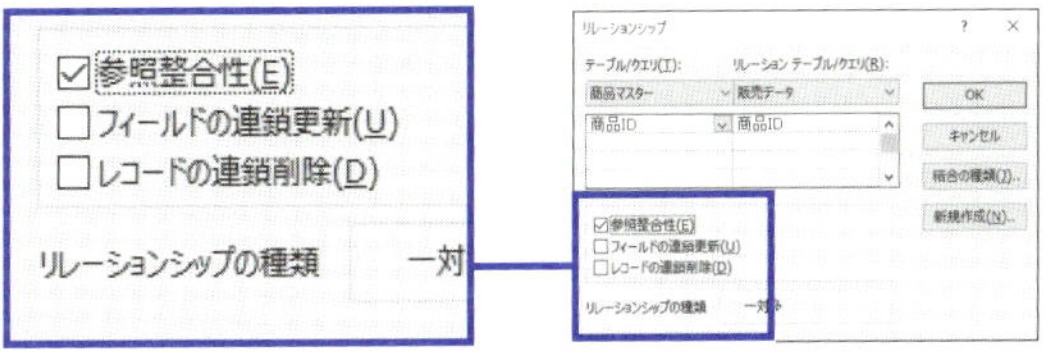

参照整合性あり / 連鎖なし

商品ID	商品名	定価	原価
A01	アイテム1	350	150
A02	アイテム2	320	130
A03	アイテム3	300	110
A04	アイテム4	250	90
A05			160

使われているので削除／変更できない

販売ID	売上日	商品ID	単価	…
1	9/1	A01	320	
2	9/2	A04	220	
3	9/2	A02	300	
4	9/3	A04	200	
5	9/4			

「A06」は入らない

- 連鎖あり

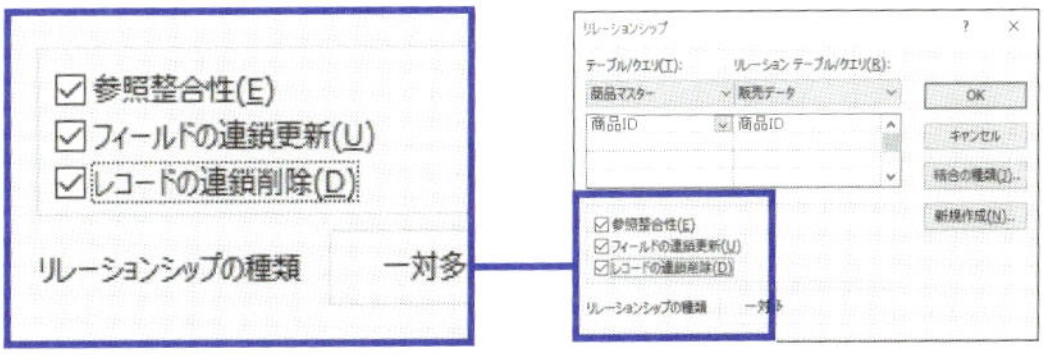

参照整合性あり / 連鎖あり

商品ID	商品名	定価	原価
A01	アイテム1	350	150
A02	アイテム2	320	130
A03	アイテム3	300	110
× A04	アイテム4	250	90
A05		400	160

こっちを削除／変更すると

販売ID	売上日	商品ID	単価	…
1	9/1	A01	320	
× 2	9/2	A04	220	
3	9/2	A02	300	
× 4	9/3	A04	200	
5	9/4			

連鎖して削除／変更される

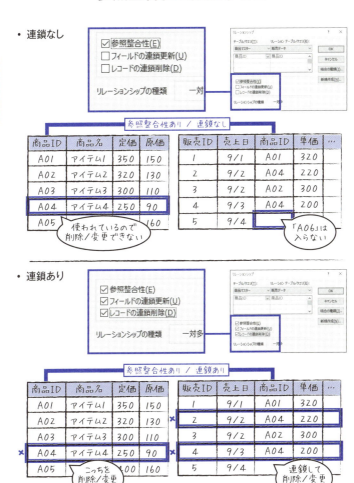

SECTION 16

エクセルで作ったデータをアクセスのテーブルへ格納する

必読

エクセルのデータを、アクセスへインポートする

では、ここまで作成したアクセスのテーブルへ、71ページで用意したエクセルのデータをアクセスへ取り込んでみよう。このように、ほかで作成したデータを取り込んで利用することを**インポート**と呼ぶ。

「ナビゲーションウィンドウ」の「販売データ」テーブルを右クリックし、「インポート」から「Excel」を選択する。インポートするエクセルファイルを指定し、「レコードのコピーを次のテーブルに追加する」とテーブル名を選択して「ＯＫ」をクリックする。次の画面では、エクセルのシートを選択する。アクセスのテーブルと整合のとれたデータであれば、問題なくインポートできる。同様に「商品マスター」「顧客マスター」もインポートしてみよう。

なお、データベースから発行されることが多いｃｓｖファイルをインポートするには、左ページ上の例で、「テキストファイル」を指定する。

データのインポート

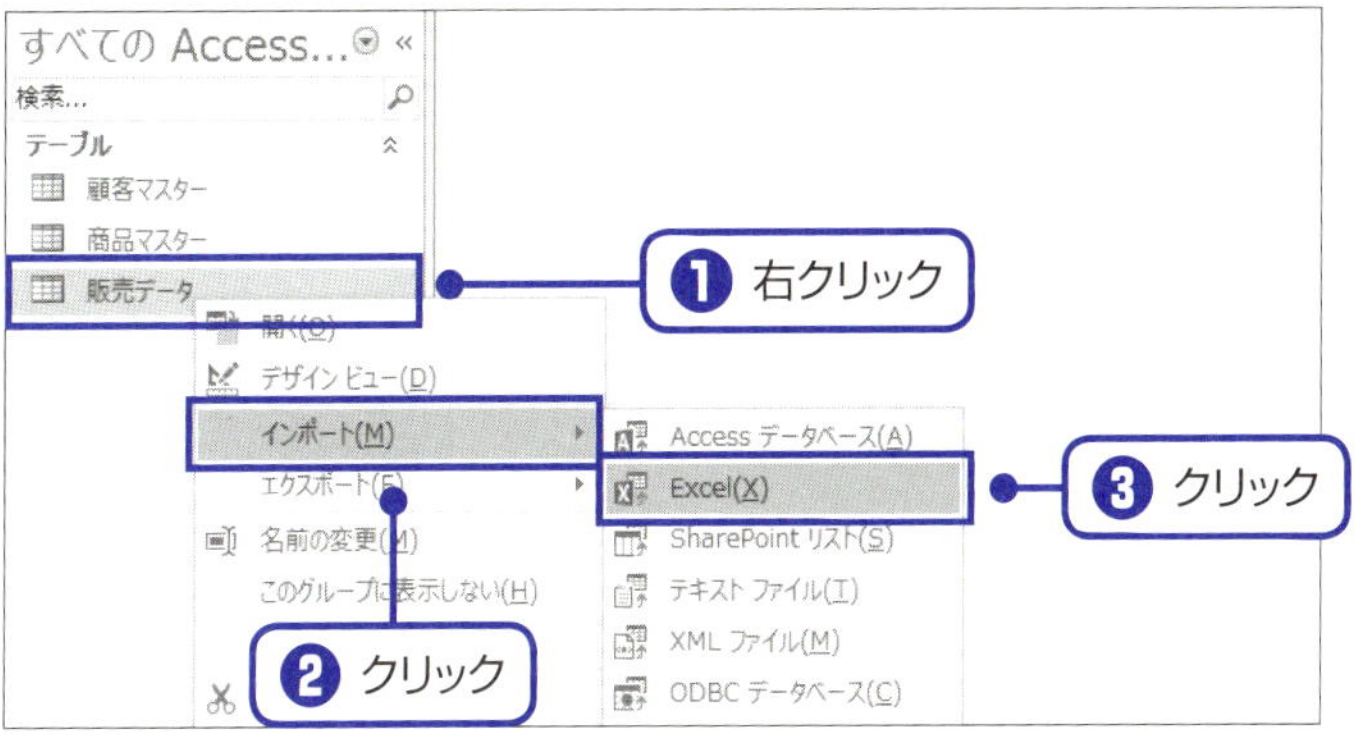
すべての Access...
検索...
テーブル
顧客マスター
商品マスター
販売データ
開く(O)
デザイン ビュー(D)
インポート(M)
エクスポート(E)
名前の変更(M)
このグループに表示しない(H)
Access データベース(A)
Excel(X)
SharePoint リスト(S)
テキスト ファイル(T)
XML ファイル(M)
ODBC データベース(C)
1 右クリック
2 クリック
3 クリック

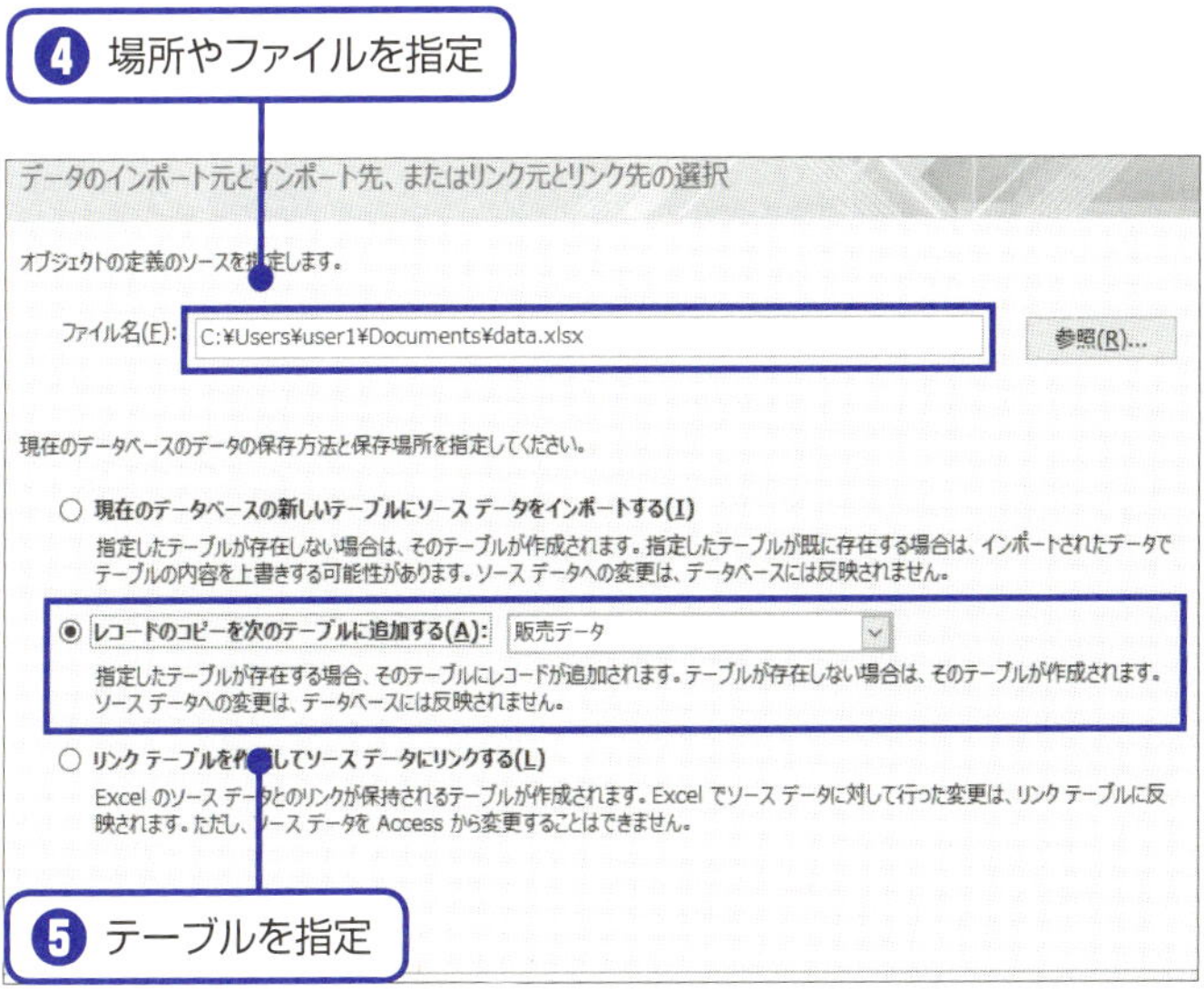
4 場所やファイルを指定
データのインポート元とインポート先、またはリンク元とリンク先の選択
オブジェクトの定義のソースを指定します。
ファイル名(F): C:¥Users¥user1¥Documents¥data.xlsx
参照(R)...
現在のデータベースのデータの保存方法と保存場所を指定してください。
現在のデータベースの新しいテーブルにソース データをインポートする(I)
指定したテーブルが存在しない場合は、そのテーブルが作成されます。指定したテーブルが既に存在する場合は、インポートされたデータでテーブルの内容を上書きする可能性があります。ソース データへの変更は、データベースには反映されません。
レコードのコピーを次のテーブルに追加する(A): 販売データ
指定したテーブルが存在する場合、そのテーブルにレコードが追加されます。テーブルが存在しない場合は、そのテーブルが作成されます。ソース データへの変更は、データベースには反映されません。
リンク テーブルを作成してソース データにリンクする(L)
Excel のソース データとのリンクが保持されるテーブルが作成されます。Excel でソース データに対して行った変更は、リンク テーブルに反映されます。ただし、ソース データを Access から変更することはできません。
5 テーブルを指定

データシートビューでテーブル内データを確認する

「ナビゲーションウィンドウ」のテーブル名をダブルクリックすると、データシートビューでテーブルが開く。

「データシートビュー」では、リボンの「ホーム」タブの、「並べ替えとフィルター」や「検索」、フィールド名の横の▼をクリックして利用するフィルター機能などを使って、テーブル内のデータを簡易的に操作することができる。

たとえば「商品ID」ごとに並べ替えたり、指定した値の一致・不一致などで絞り込んだり、値をすべて置き換えたりなど、ひとつのテーブルだけに適用する単純な操作ならば、100ページで解説するクエリよりも、「データシートビュー」のほうが直感的に操作できる。

また、「商品マスター」か「顧客マスター」を「データシートビュー」で開いてみると、IDごとに「販売データ」テーブルとリンクしている情報が表示される。これをサブデータシートという。なお、サブデータシートは、ひとつのレコードに対して複数の関連データを持つテーブルにしか表示されないため、「販売データ」には表示されない。

フィルターと検索

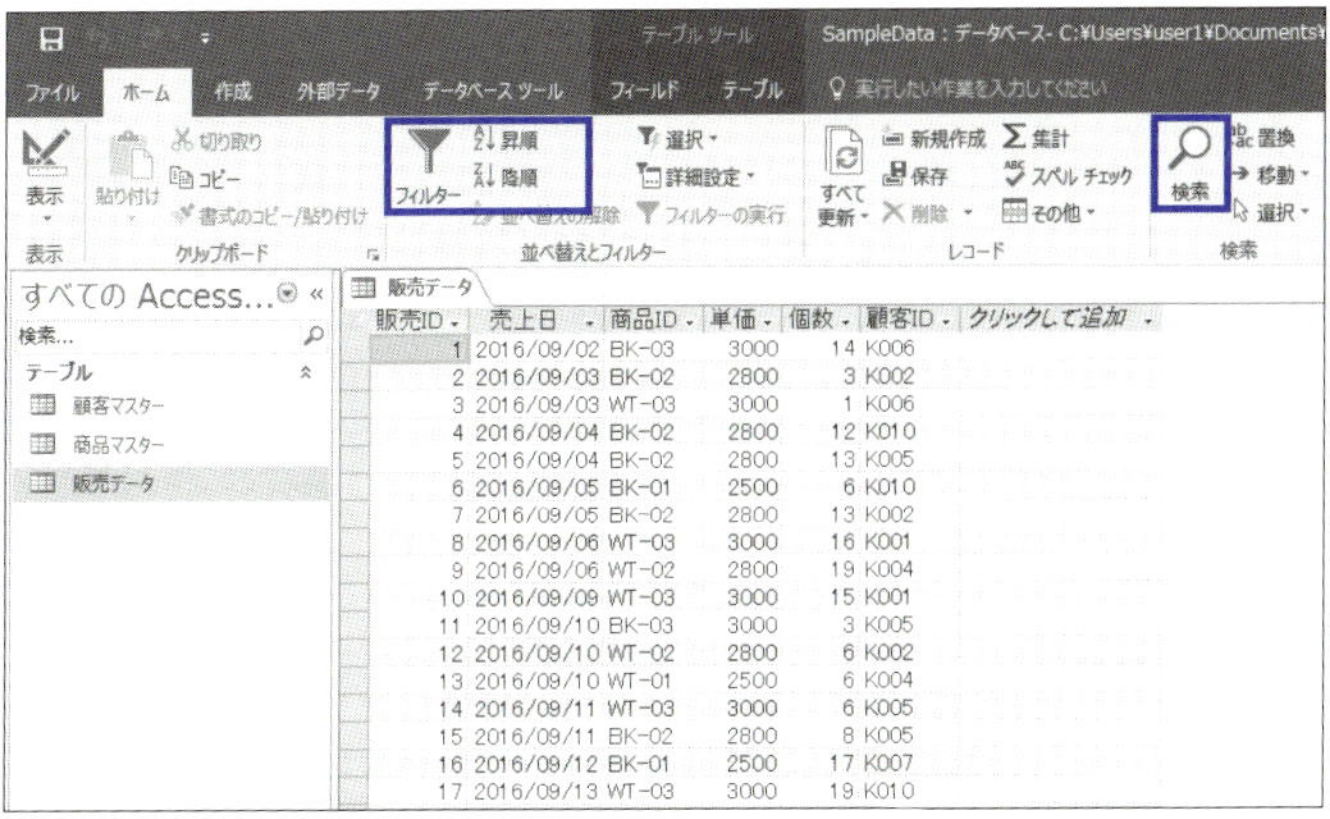

サブデータシート

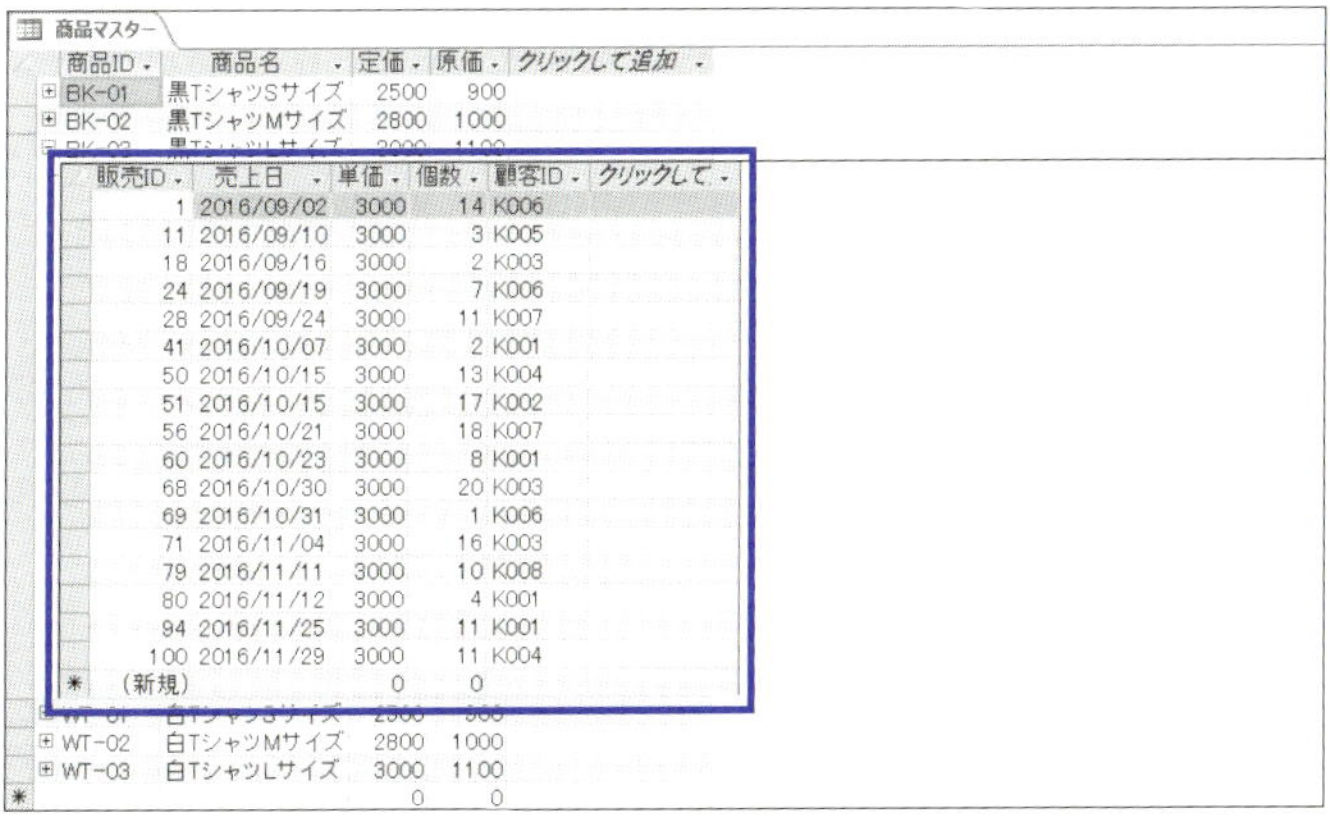

SECTION 17

2つの方法でテーブルのデータを編集する

必読

データシートビューでのデータの追加・更新・削除

「データシートビュー」は、エクセルのシートに見た目が似ているため、アクセスに慣れていなくても直感的にデータの編集ができる。追加は一番下の「（新規）」と書かれた行に入力し、更新は該当のフィールドを選択して直接変更する。左端に鉛筆マークが出ている間は、Esc キーを押すと元に戻すことができる。レコードの削除は、エクセルで行の削除を行うのと同様に、列の左端部分をクリックして行を選択し、Delete キーもしくは右クリックから「レコードの削除」で行う。

「販売データ」テーブルで「商品ID」「顧客ID」を操作する場合、84ページでルックアップを設定してあるので、選択式で入力することができる。もちろん、直接入力することもできる。ただし、90ページのようにテーブル間の参照整合性が設定されている場合、「顧客マスター」「商品マスター」の各マスターテーブルに登録されていない「商品ID」と「顧客ID」を入力するとエラーとなるので注意したい。

データシートビューでの編集

・データの追加／更新

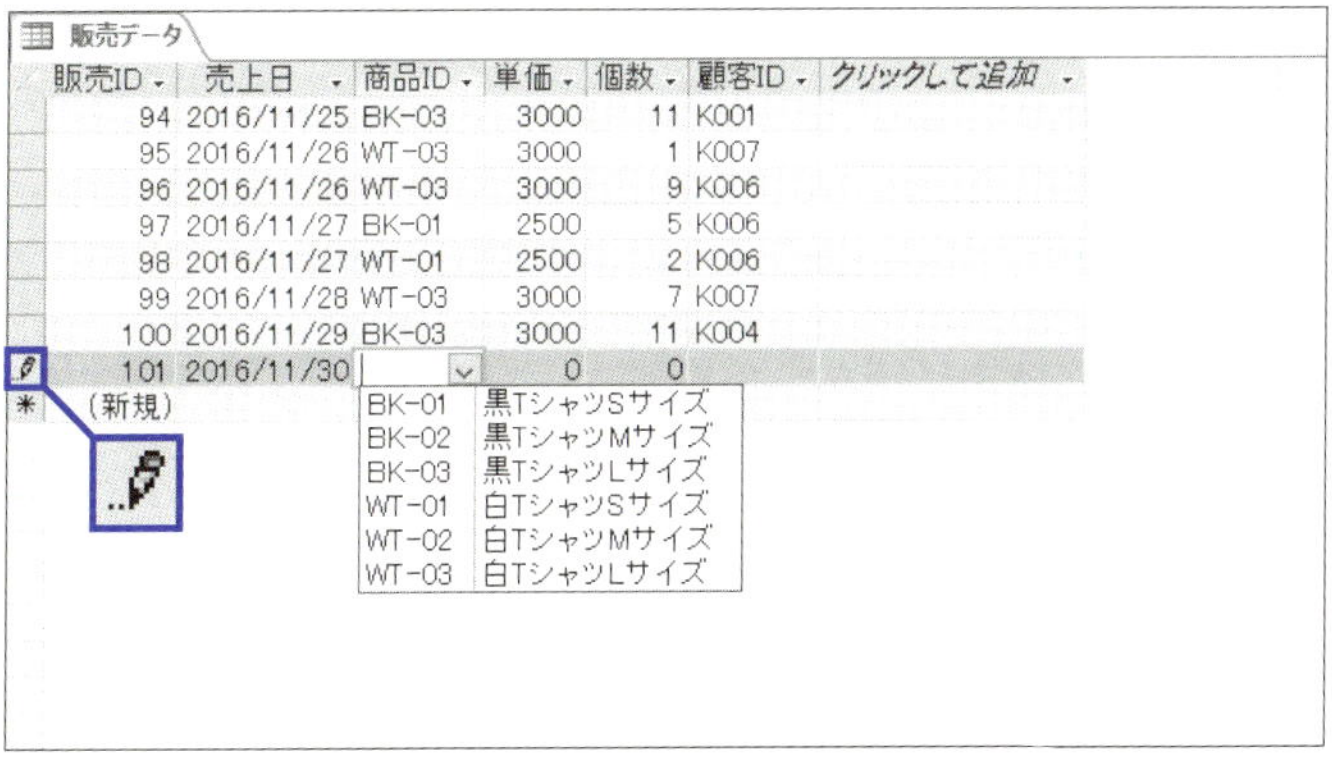

・データの削除

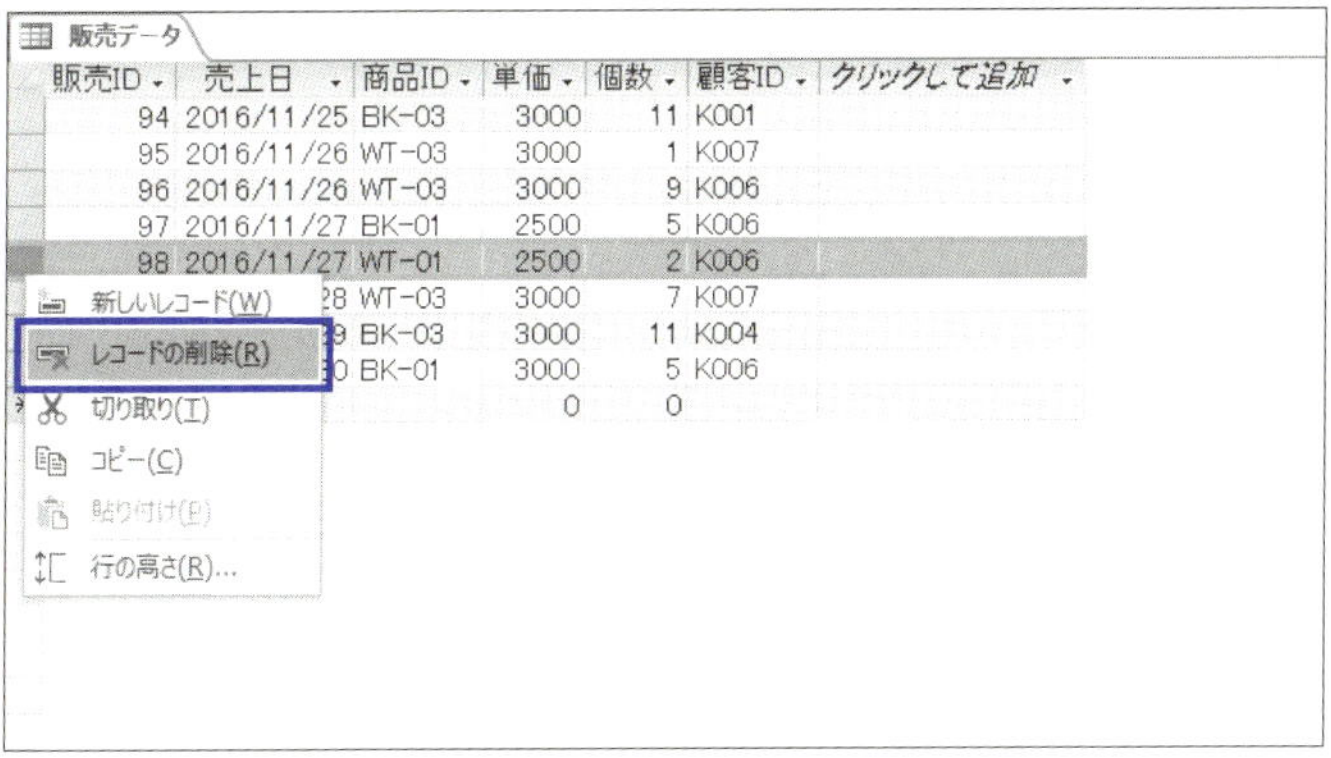

アクションクエリでのデータの追加・更新・削除

データシートビューでの編集は、基本的に1件ずつ直接入力で行うので、複数のデータを同時に扱うことはできない。ここで利用するのが「クエリ」だ。

複数のレコードの編集を行う場合、クエリの中でも、アクションクエリという種類を使う。アクションクエリはテーブルの編集を行う機能であり、「作成」タブの「クエリデザイン」からテーブルを選び、「追加」「更新」「削除」を選択して利用する。「追加」「更新」「削除」をそれぞれ選択すると、「追加クエリ」「更新クエリ」「削除クエリ」が利用できる。

たとえば9月以降の単価を税込み価格で置き換えたい場合、「更新クエリ」を使って左ページの例のように設定する。「デザイン」タブの「実行」をクリックすると、データが更新されるが、「更新クエリ」「削除クエリ」は一度実行したら元には戻せないので、慎重に利用しよう。

アクションクエリは、大量のデータに同じ処理をしたいときなどには便利だが、扱いが少々難しいので、慣れないうちは「データシートビュー」から直接データを操作するほうが理解しやすいだろう。

アクションクエリでの編集例

- 更新クエリの例

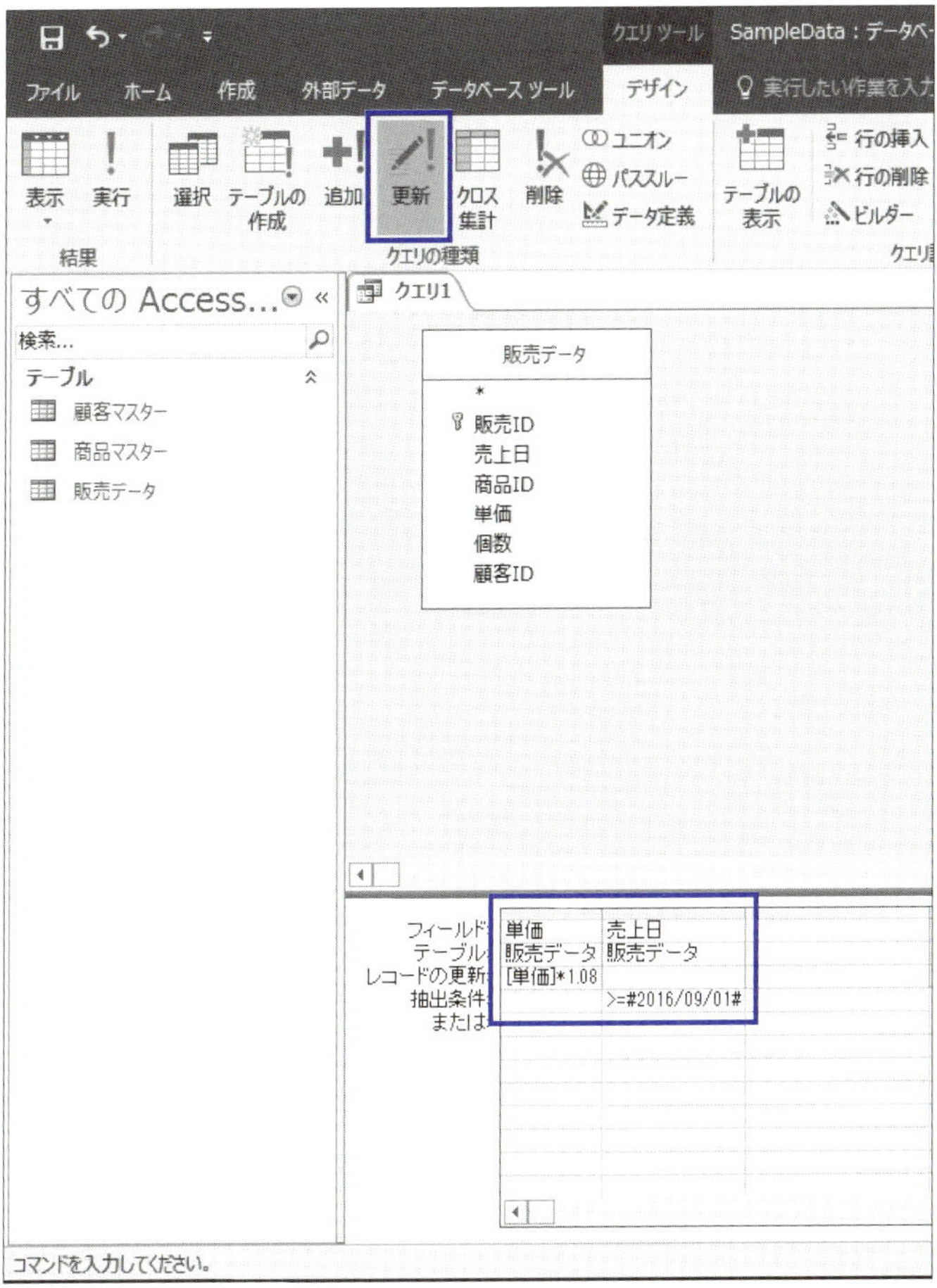

SECTION 18

条件を付けてレコードを抽出しエクセルに書き出す

必読

クエリデザインにテーブルを追加する

テーブルからデータを抽出する場合、選択クエリという種類のクエリを利用する。「選択クエリ」を使うと、複数のテーブルからでもフィールドを組み合わせてデータを抽出することができるのだ。

「作成」タブの「クエリデザイン」を選択すると「テーブルの表示」というウィンドウが開くので、「販売データ」と「商品マスター」テーブルを選択して「追加」をクリックする。ウィンドウは閉じてしまってかまわない。

すると、選択されたテーブルが上部に、グリッドが下部に表示される。これがクエリのデザインビューだ。上部のテーブルから取り出したいフィールドを、下部のグリッドに並べたい順番にドラッグしていくと、複数のテーブルから好きなフィールドだけを組み合わせた「クエリ」を作成することができる。

選択クエリ

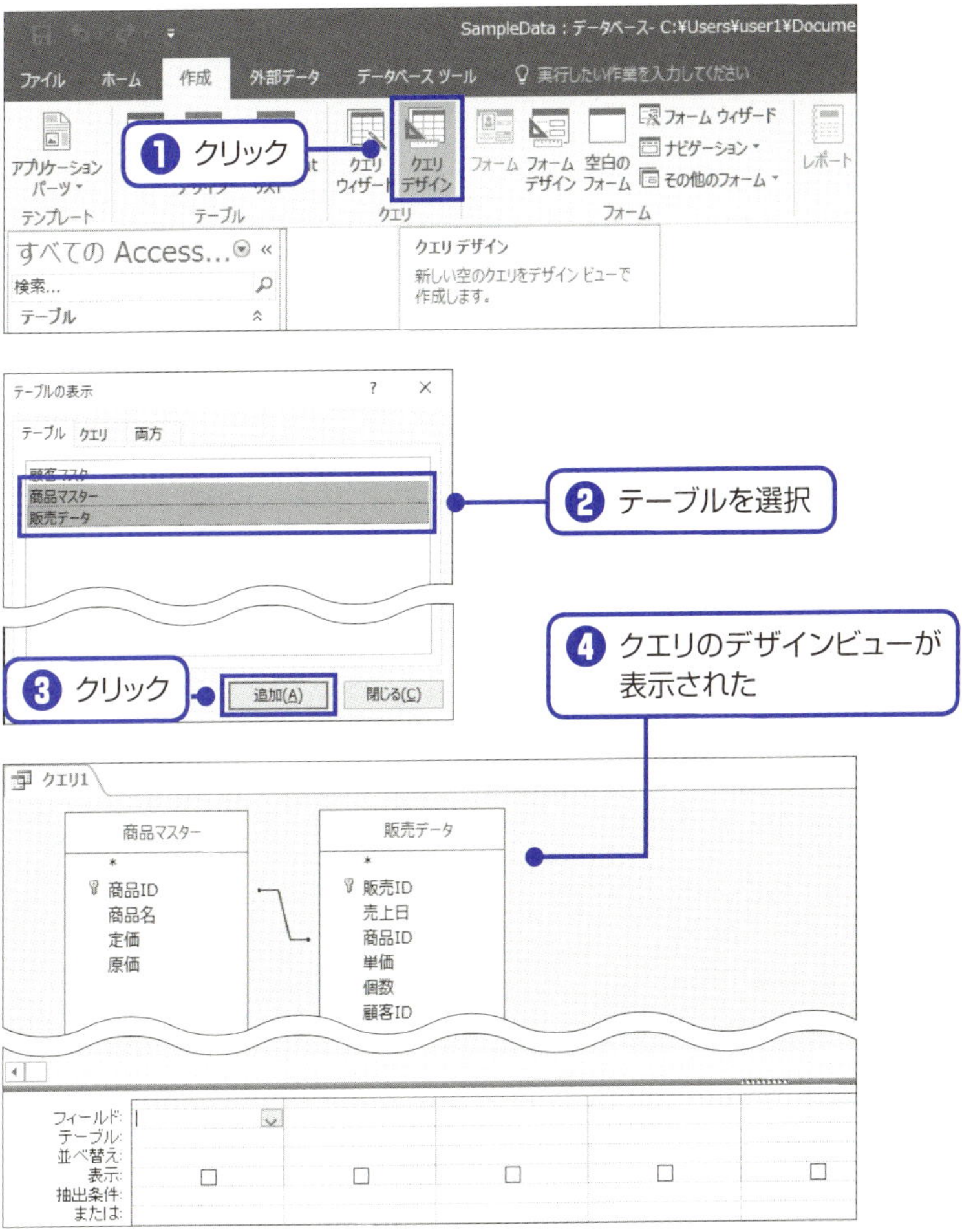
SampleData : データベース- C:¥Users¥user1¥Docume
ファイル
ホーム
作成
外部データ
データベース ツール
実行したい作業を入力してください
❶ クリック
クエリ ウィザード
クエリ デザイン
フォーム
フォーム デザイン
空白の フォーム
フォーム ウィザード
ナビゲーション
その他のフォーム
レポート
アプリケーション パーツ
テンプレート
テーブル
クエリ
フォーム
すべての Access...
検索...
テーブル
クエリ デザイン
新しい空のクエリをデザイン ビューで作成します。
テーブルの表示
テーブル
クエリ
両方
商品マスター
販売データ
❷ テーブルを選択
❸ クリック
追加(A)
閉じる(C)
❹ クエリのデザインビューが表示された
クエリ1
商品マスター
商品ID
商品名
定価
原価
販売データ
販売ID
売上日
商品ID
単価
個数
顧客ID
フィールド:
テーブル:
並べ替え:
表示:
抽出条件:
または:

複数テーブルからレコードを抽出する

それでは、「販売データ」テーブルから「販売ID」と「売上日」を、「商品マスター」テーブルから「商品名」を、順番に下部のグリッドへドラッグしてみよう。順番に並ぶように、「販売ID」の並べ替えを「昇順」にしておく。

さらに4つ目のフィールドに、「売上：［単価］＊［個数］」と記述する。こうすることで、このクエリでは、レコードごとに「単価」と「個数」を乗算した「売上」という、元のテーブルにはないフィールドを作成することができる。

一度上書き保存して「データ管理」という名前を付けてから、「デザイン」タブの「実行」をクリックしてみると、このクエリが「データシートビュー」で開かれ、抽出されたデータが確認できる。

なお、データベースへの操作は本来「ＳＱＬ」という言語を使って問い合わせを行うが、42ページで説明したように、クエリはユーザーが設定した内容を自動でＳＱＬ文へ変換している。これは「ホーム」タブの「表示」の「ＳＱＬビュー」から見ることができる。

選択クエリの設定

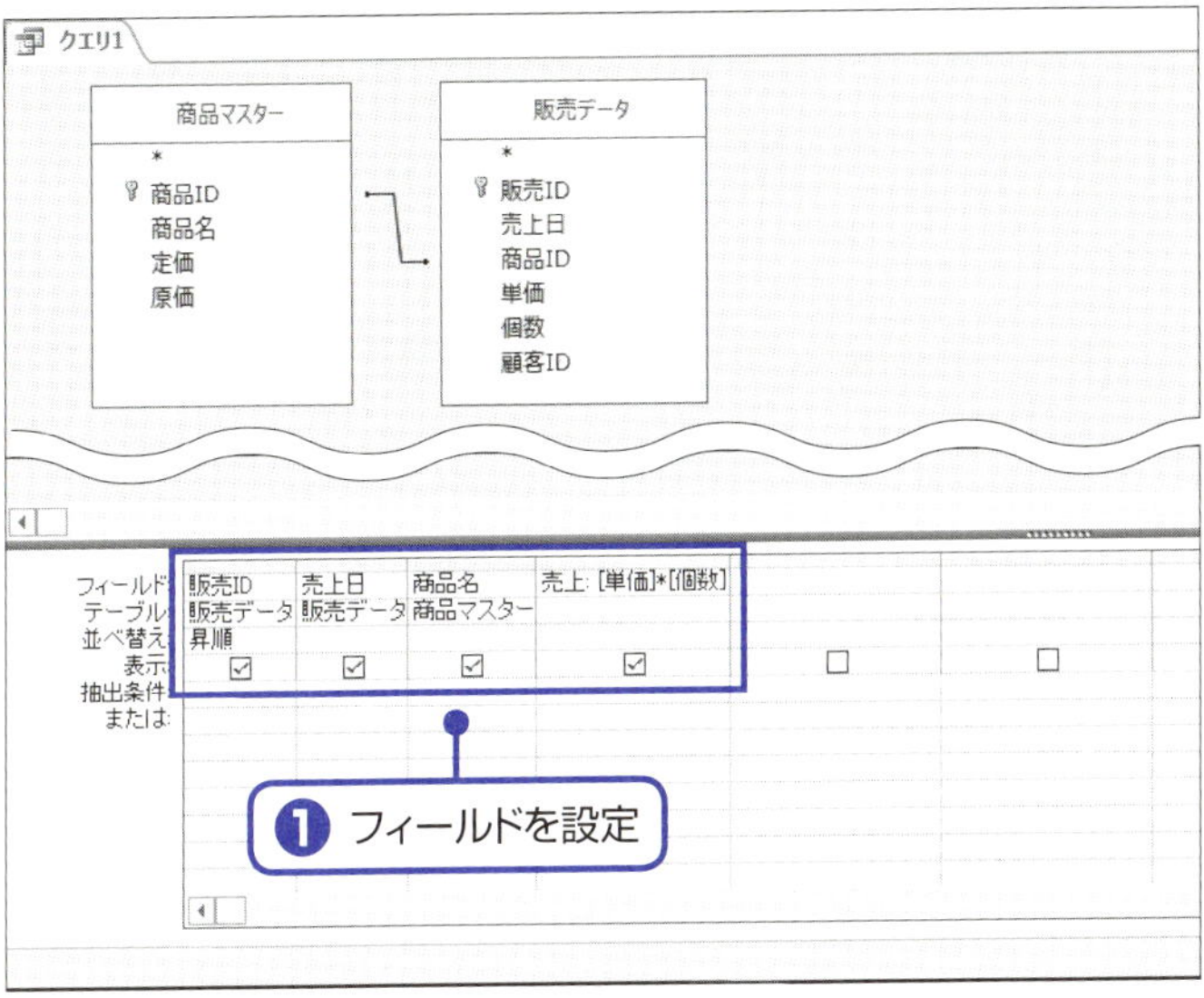

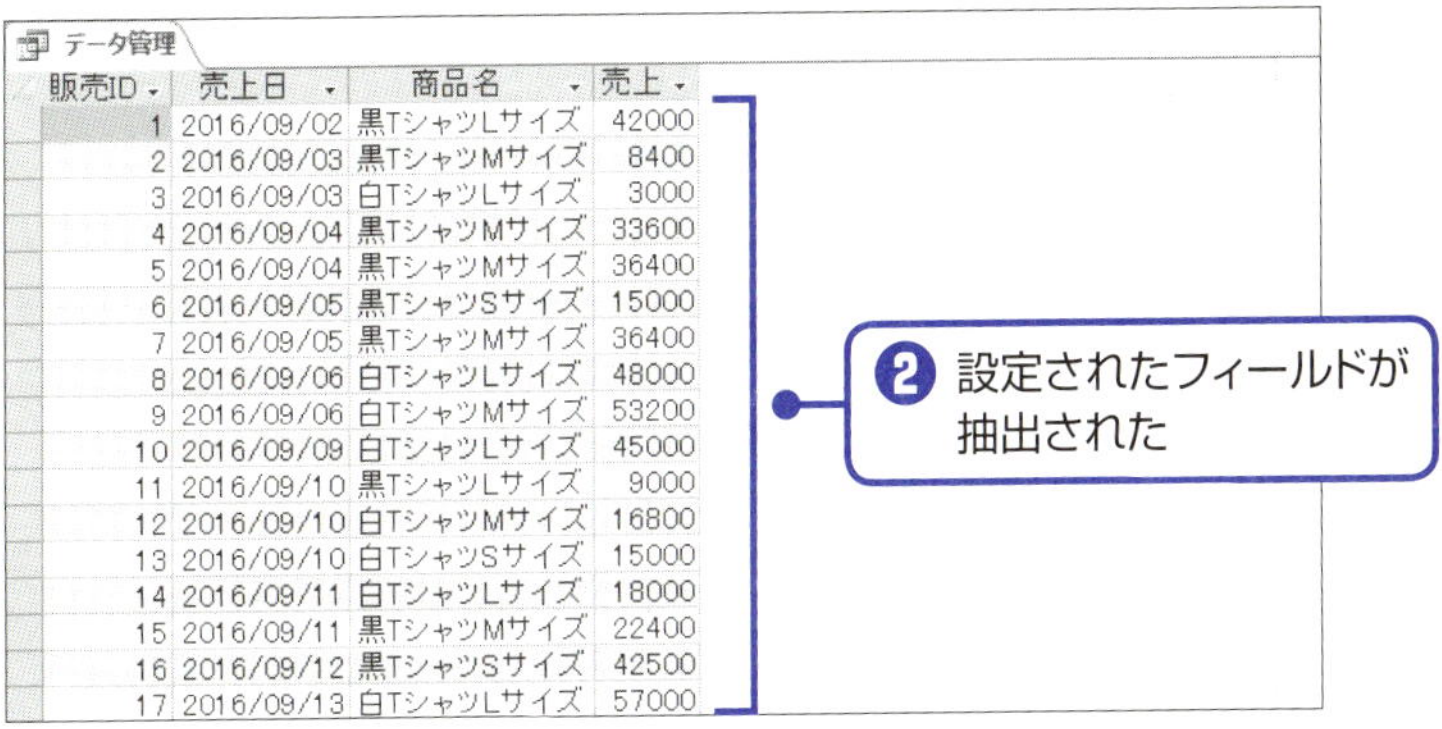
データ管理

販売ID	売上日	商品名	売上
1	2016/09/02	黒TシャツLサイズ	42000
2	2016/09/03	黒TシャツMサイズ	8400
3	2016/09/03	白TシャツLサイズ	3000
4	2016/09/04	黒TシャツMサイズ	33600
5	2016/09/04	黒TシャツMサイズ	36400
6	2016/09/05	黒TシャツSサイズ	15000
7	2016/09/05	黒TシャツMサイズ	36400
8	2016/09/06	白TシャツLサイズ	48000
9	2016/09/06	白TシャツMサイズ	53200
10	2016/09/09	白TシャツLサイズ	45000
11	2016/09/10	黒TシャツLサイズ	9000
12	2016/09/10	白TシャツMサイズ	16800
13	2016/09/10	白TシャツSサイズ	15000
14	2016/09/11	白TシャツLサイズ	18000
15	2016/09/11	黒TシャツMサイズ	22400
16	2016/09/12	黒TシャツSサイズ	42500
17	2016/09/13	白TシャツLサイズ	57000

選択クエリに条件を付けてレコードを抽出する

「選択クエリ」を実行するにあたり、条件に合うものだけを抽出してみよう。「ナビゲーションウィンドウ」でクエリ「データ管理」を右クリックして「デザインビュー」を選択して開く。下部のグリッドで条件を設定したいフィールドの「抽出条件」に条件を入力する。

例として、9月に販売され売上額が5万円以上のレコードだけを抽出してみる。最初に「9月」という条件だ。「売上日」フィールドの「抽出条件」に左ページの例のように入力する。「Between And」は日付で絞り込むときに使われる。アクセスは#と#で囲まれたものを日付と認識するので、「Between #2016/09/01# And #2016/09/30#」で「9月1日から30日まで」という条件になる。

続いて「売上額が5万円以上」という条件だ。「売上」フィールドの「抽出条件」に左ページの例のように入力する。指定値より大きい・未満は「>」「<」と記述するが、以上・以下は「>=」「<=」のように不等号、等号の順番で書き、そのあと数値を指定する。

入力したら上書き保存し、「実行」(99ページ参照)をクリックすると該当データが抽出される。

選択クエリの条件設定

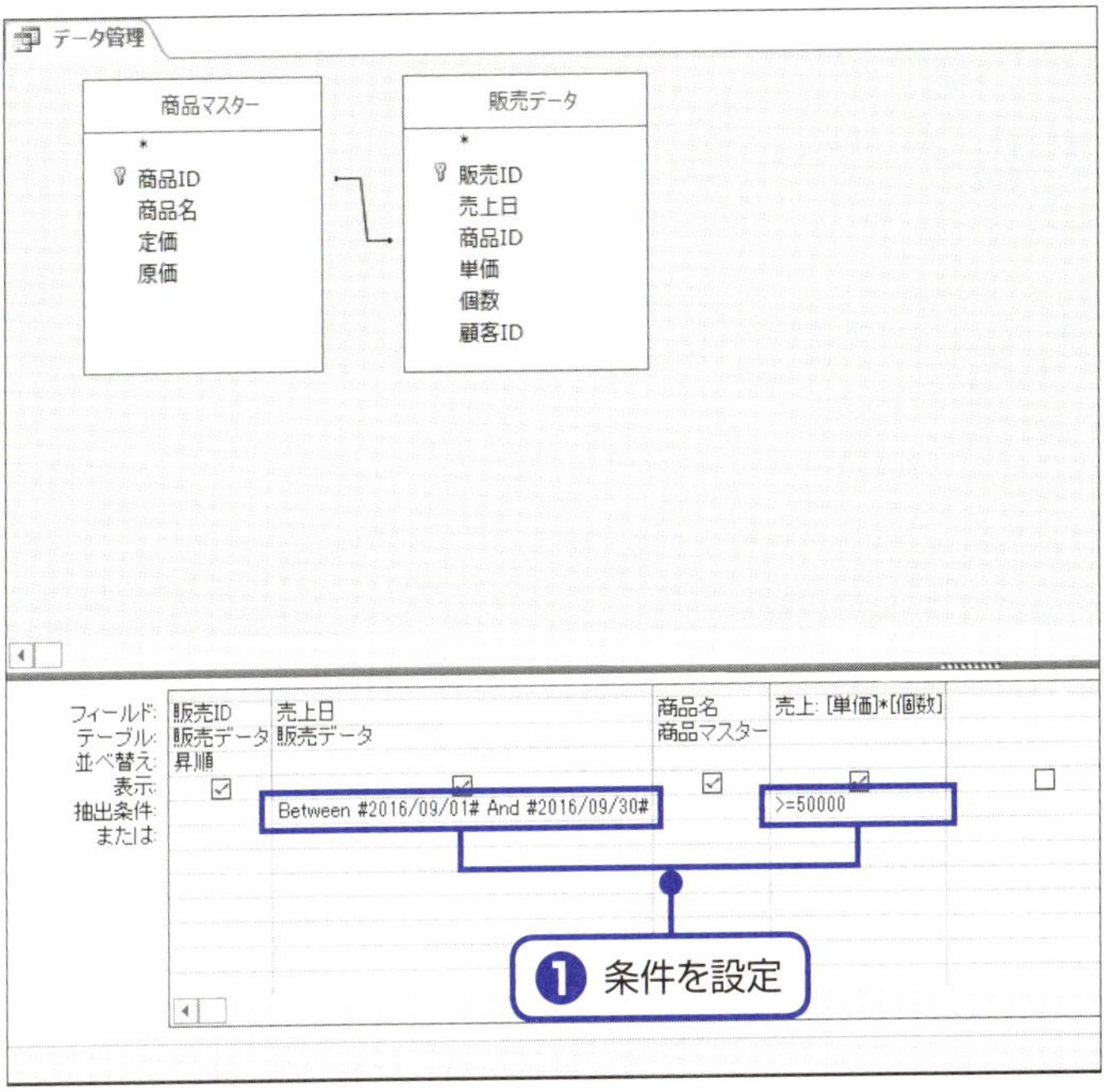
データ管理
商品マスター
*
商品ID
商品名
定価
原価
販売データ
*
販売ID
売上日
商品ID
単価
個数
顧客ID
フィールド:
テーブル:
並べ替え:
表示:
抽出条件:
または:
販売ID
販売データ
昇順
売上日
販売データ
Between #2016/09/01# And #2016/09/30#
商品名
商品マスター
売上: [単価]*[個数]
>=50000
❶ 条件を設定

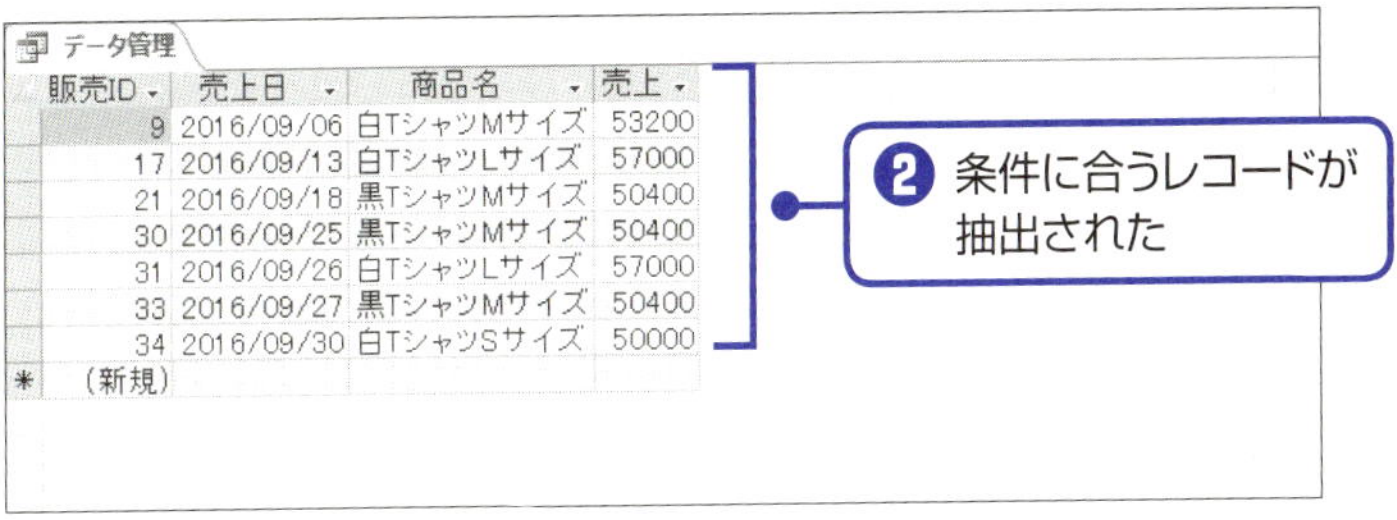
データ管理
販売ID
売上日
商品名
売上
9 2016/09/06 白TシャツMサイズ 53200
17 2016/09/13 白TシャツLサイズ 57000
21 2016/09/18 黒TシャツMサイズ 50400
30 2016/09/25 黒TシャツMサイズ 50400
31 2016/09/26 白TシャツLサイズ 57000
33 2016/09/27 黒TシャツMサイズ 50400
34 2016/09/30 白TシャツSサイズ 50000
(新規)
❷ 条件に合うレコードが抽出された

テーブルやクエリをエクセル形式で書き出す

クエリを利用することで、さまざまな形でアクセスのデータを抽出することができるが、この抽出結果をエクセルなどの外部ソフトで活用することもできる。

92ページで解説したが、エクセルなどの別形式のデータをアクセスへ取り込むことを**インポート**という。そして、アクセスから別形式でデータを書き出す逆の操作を**エクスポート**という。

105ページで作成したクエリをエクセル形式でエクスポートしてみよう。「ナビゲーションウィンドウ」のクエリ「データ管理」を右クリックし、「エクスポート」から「Excel」を選択する。保存先とファイル名を指定すると、エクセルにデータをエクスポートできる。

クエリの条件を変更した場合、**上書き保存を行わないとエクスポートしたファイルには変更が反映されない**ので注意が必要だ。

なお、同じ操作でテーブルをまるごとエクスポートすることもできるので、テーブルすべてのデータが必要なときはテーブルのエクスポートを利用しよう。

エクセルにエクスポート

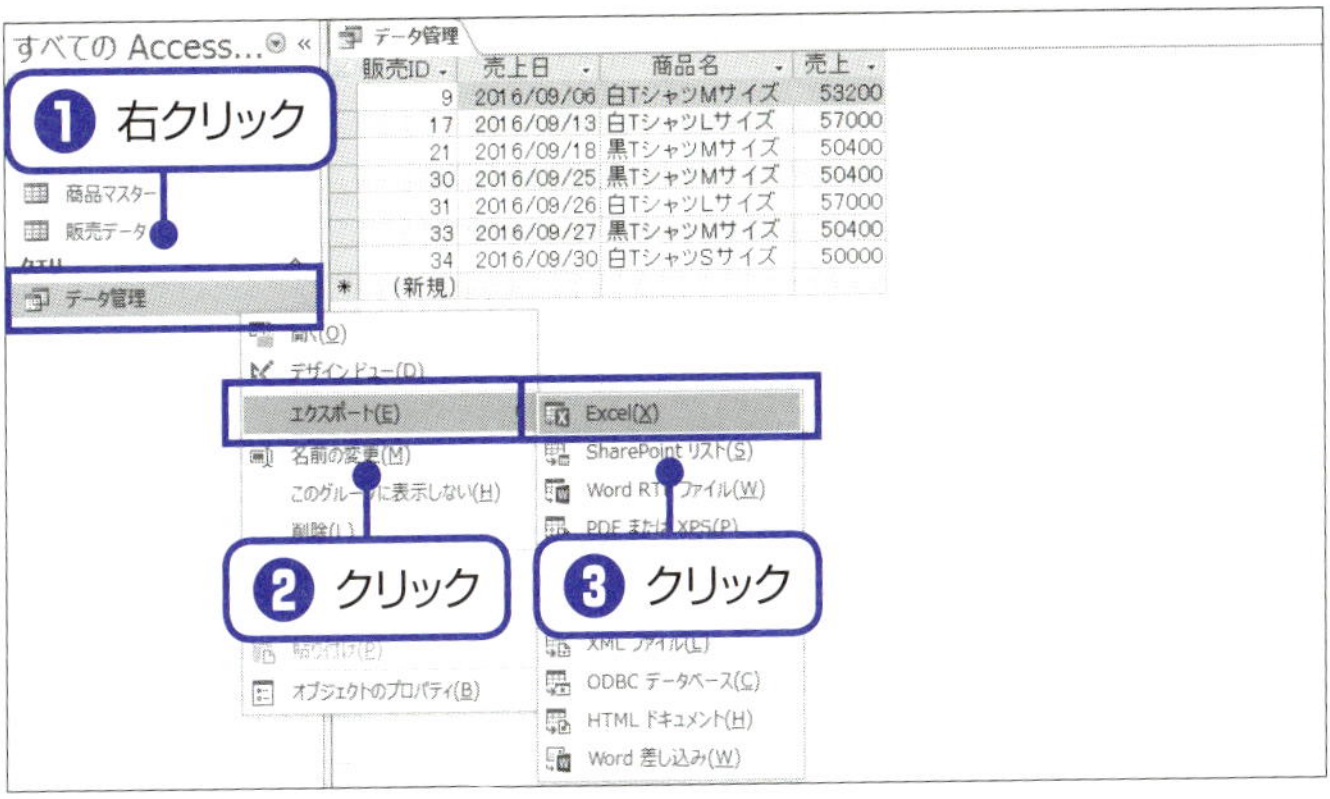

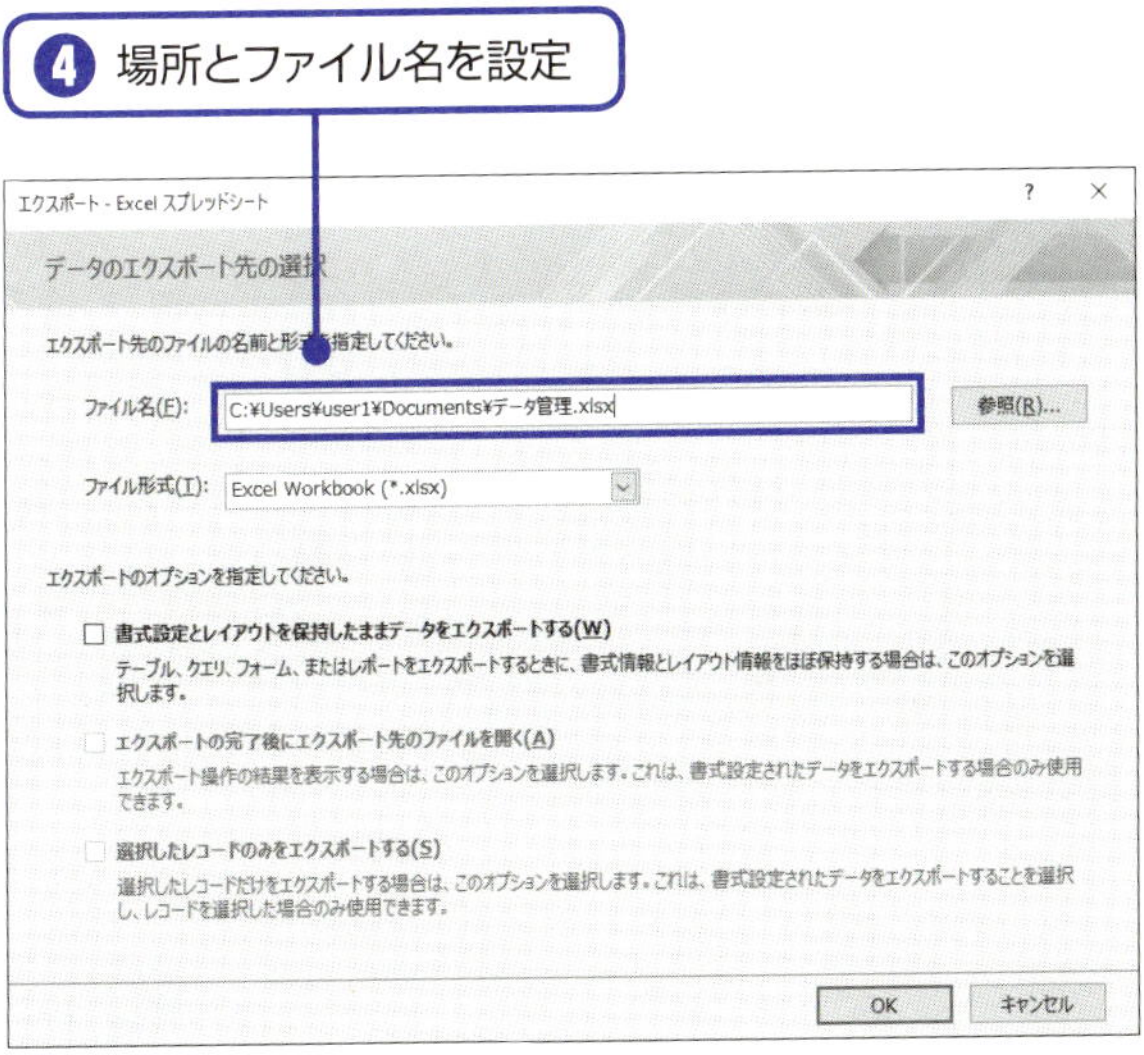

SECTION 19

レポートを使って帳票形式に出力する

必読

レポート機能を使ってさまざまなレイアウトで印刷する

ここまでテーブルを使ってデータの格納と編集、クエリによる抽出を学んできた。データの閲覧は、「データシートビュー」を使うことでパソコンのモニターで見るぶんには不足ないが、印刷したい場合はどうすればよいのだろうか?

アクセスには、データベース内のデータを印刷形式へ出力できる、**レポート**という機能がある。テーブルやクエリをそのままのレイアウトで印刷することもできるうえ、テンプレートを利用して業務用定型紙に印刷することもできる。たとえば、メーカー別の伝票類、宛名ラベルや、各種運送会社の伝票に対応したテンプレートが利用できる。もちろん、独自レイアウトの伝票を作成することもできる。

アクセスを使うと、データの入力、集計、そして伝票出力までの一貫した業務を行うことができるのだ。

さまざまな印刷形式

- リスト

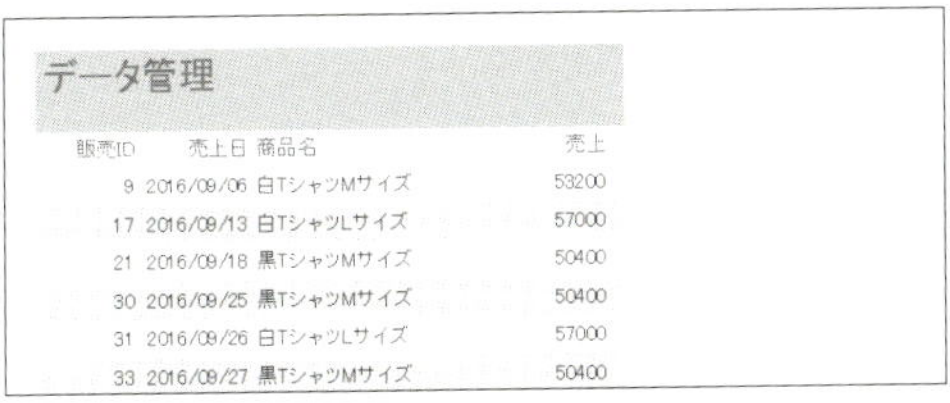

- 伝票

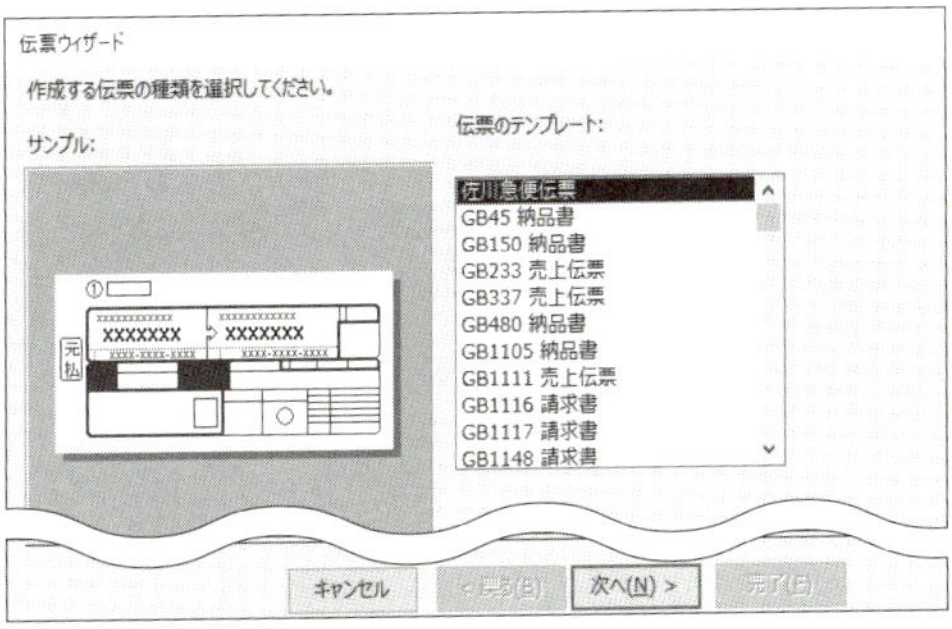

- ハガキ

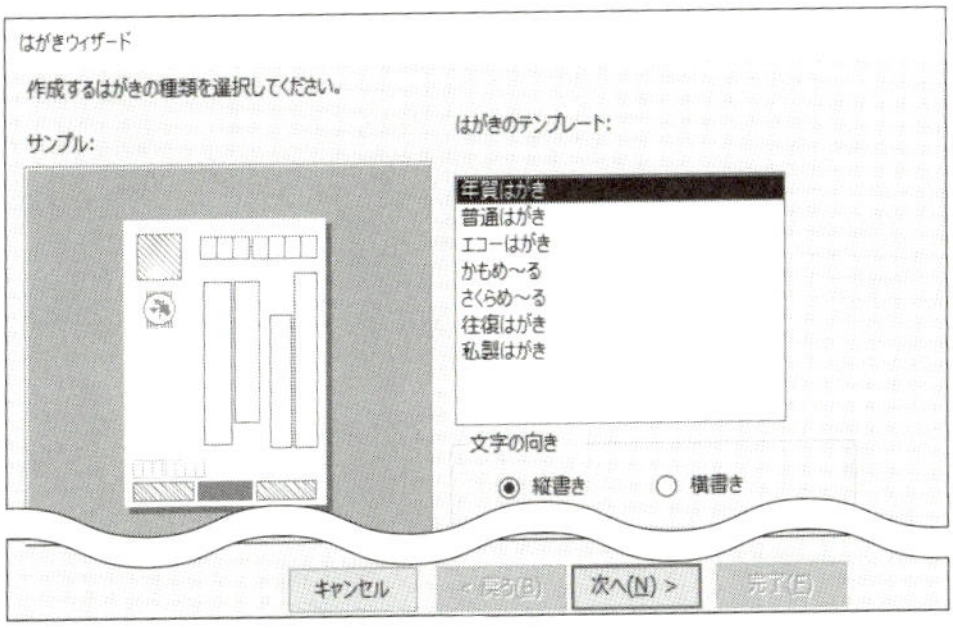

デフォルトで用意されている3つのレイアウト形式

レポートは自由にレイアウトして作成することもできるが、ある程度アクセス側に自動で設定してもらうこともできる。このとき、**単票・表・帳票の3つの形式が用意されている。**

単票形式は、フィールド名とデータが一対になっており、縦に並んでいる。ひとつのレコードの情報が読みやすいため、フィールド数が多い場合に適している。

表形式は、「データシートビュー」の見た目に似ていて、フィールド名が上部に横並びになり、その下にレコードが1行ずつ配置されるレイアウトだ。フィールドが用紙の横幅に収まる数で、多くのレコードを一覧したい場合に適している。

帳票形式は、自動的にひとつのレコードをコンパクトに配置してくれる。印刷したいレコード数やフィールド数が多いデータの場合、単票形式だと印刷枚数が多くなりすぎ、表形式だとフィールドが横幅に収まらない。そのような場合に役に立つレイアウトである。

自由なレイアウトで伝票を作成したい場合、この3つの中からまずは一番近い形式で作成したものをカスタマイズしていくのがよい。

レポートの３つの形式

・単票

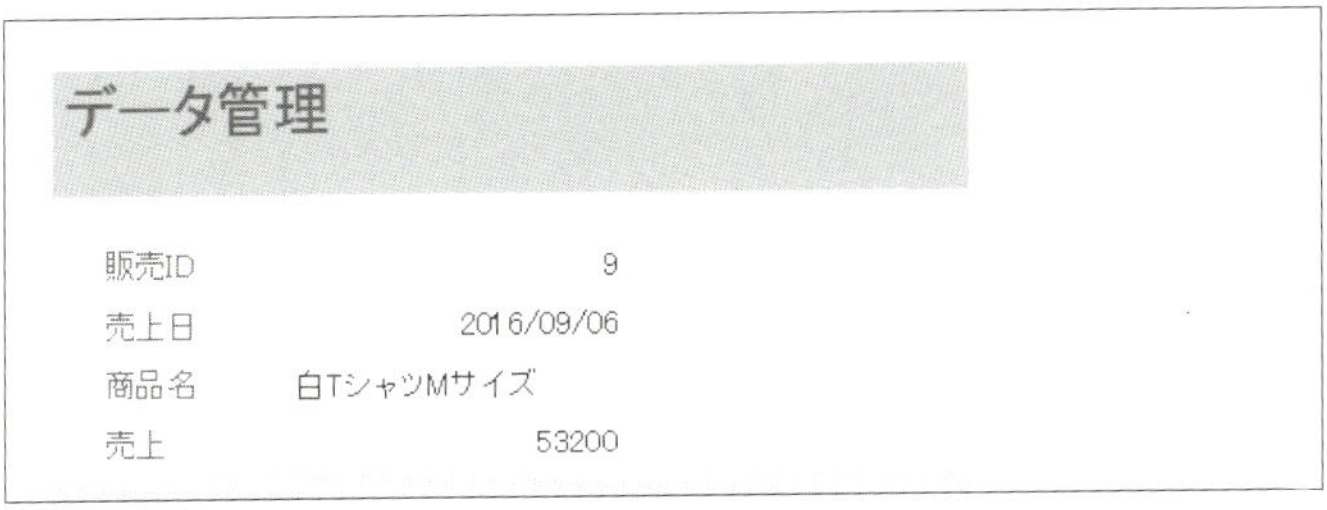

・表

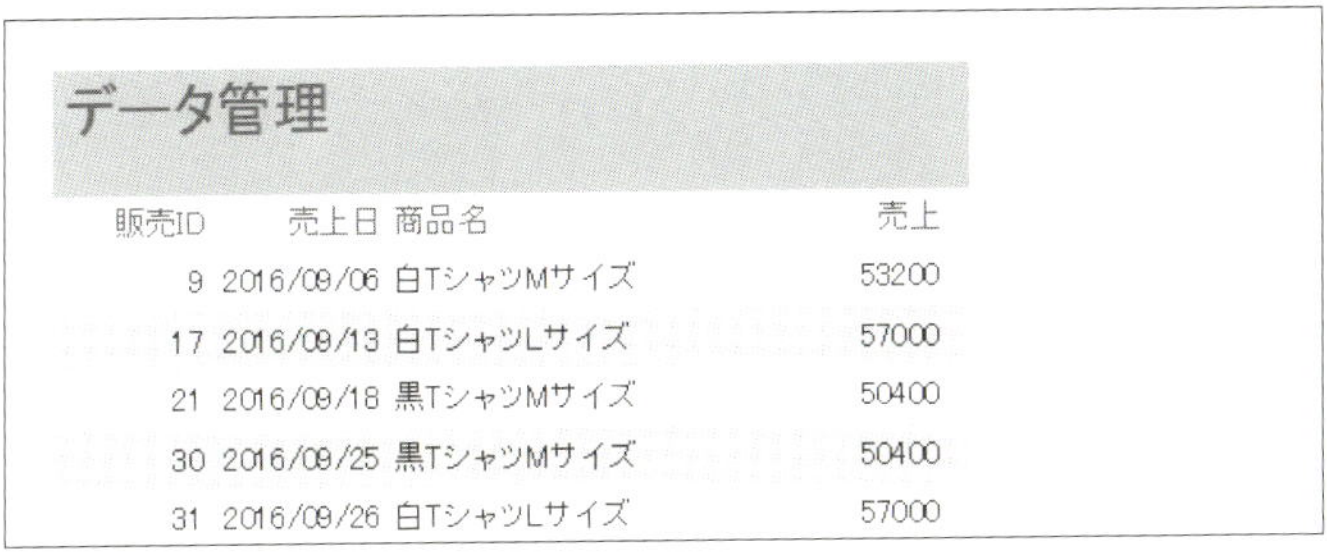

・帳票

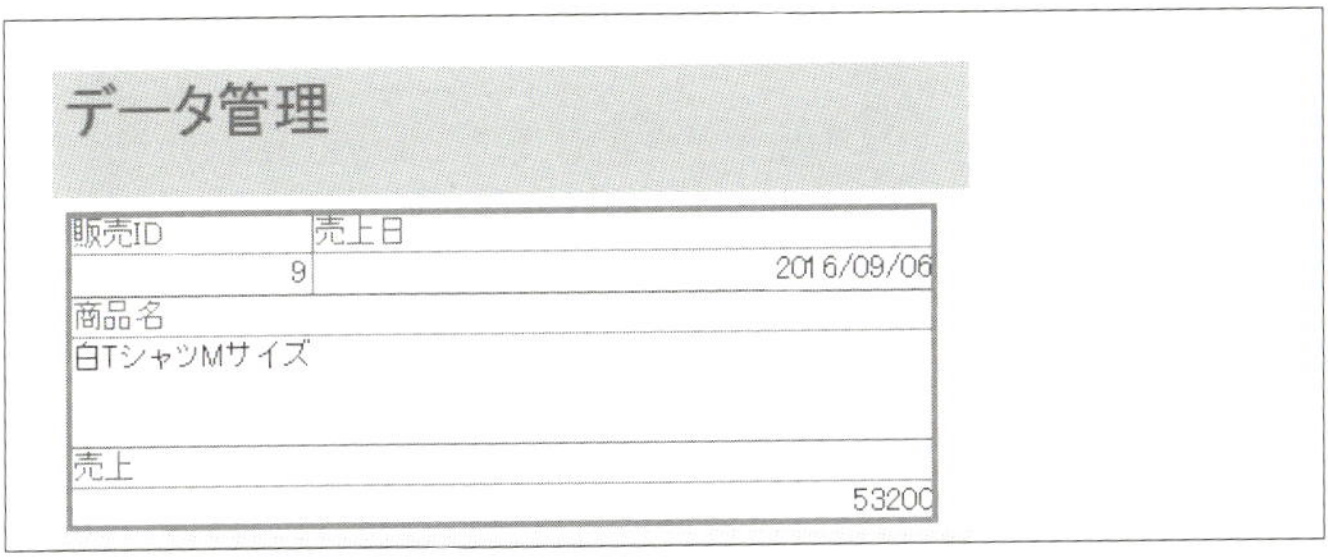

既存クエリを利用してレポートを作成する

それではクエリ「データ管理」を、表形式のレポートにしてみよう。

リボンの「作成」から「レポートウィザード」をクリックし、クエリ名とフィールドを選択する。

続いてグループレベルを指定すると、同じ項目を自動で集計してくれる設定ができるが、無指定で問題ない。

次に並び順を設定し、3つの形式からレイアウトを選択する。最後にレポート名を指定し、完了する。

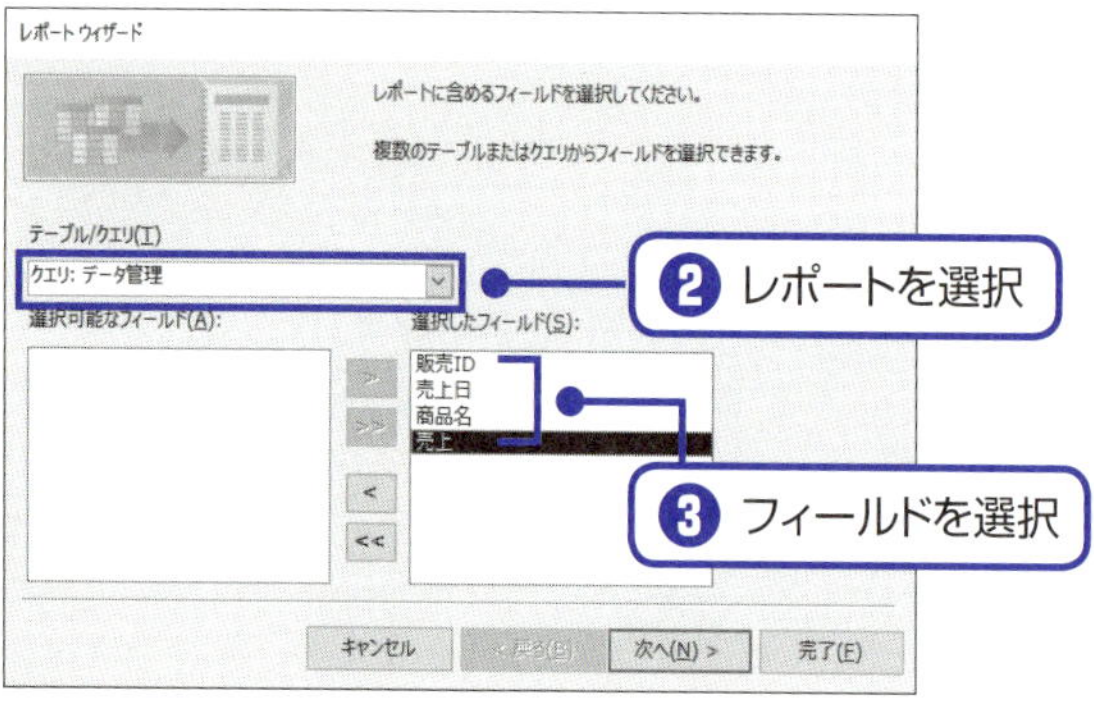

ウィザードで自動作成しただけの場合、フィールド幅が狭すぎたり広すぎたりすることが多いので、「デザインビュー」で調節しよう。

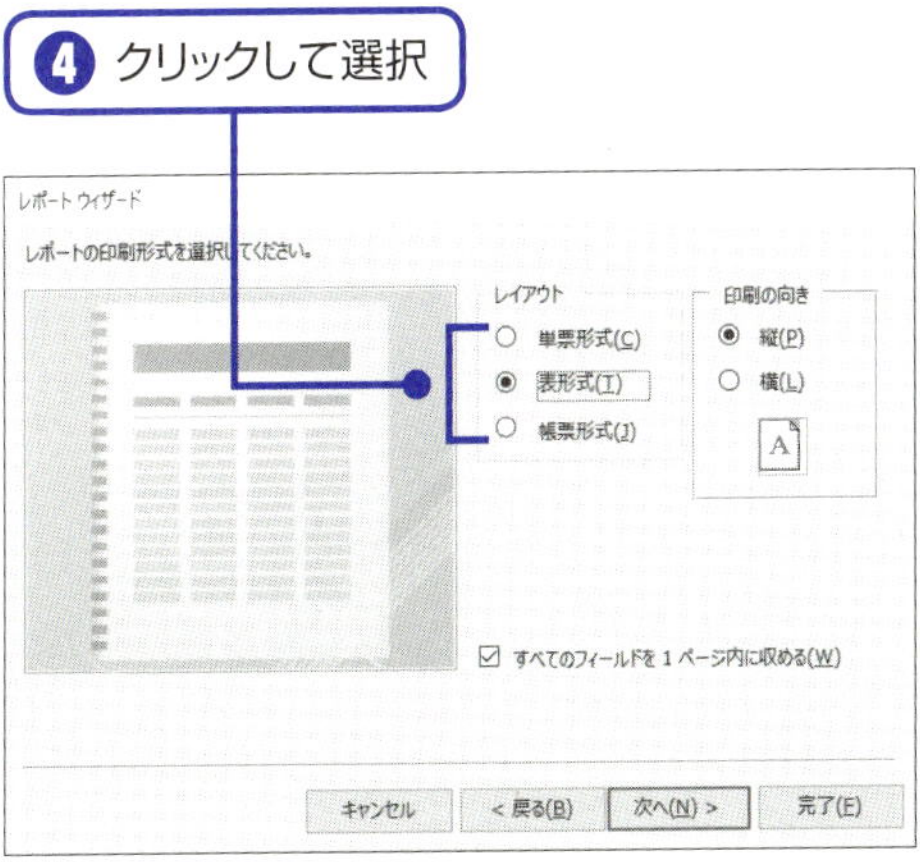

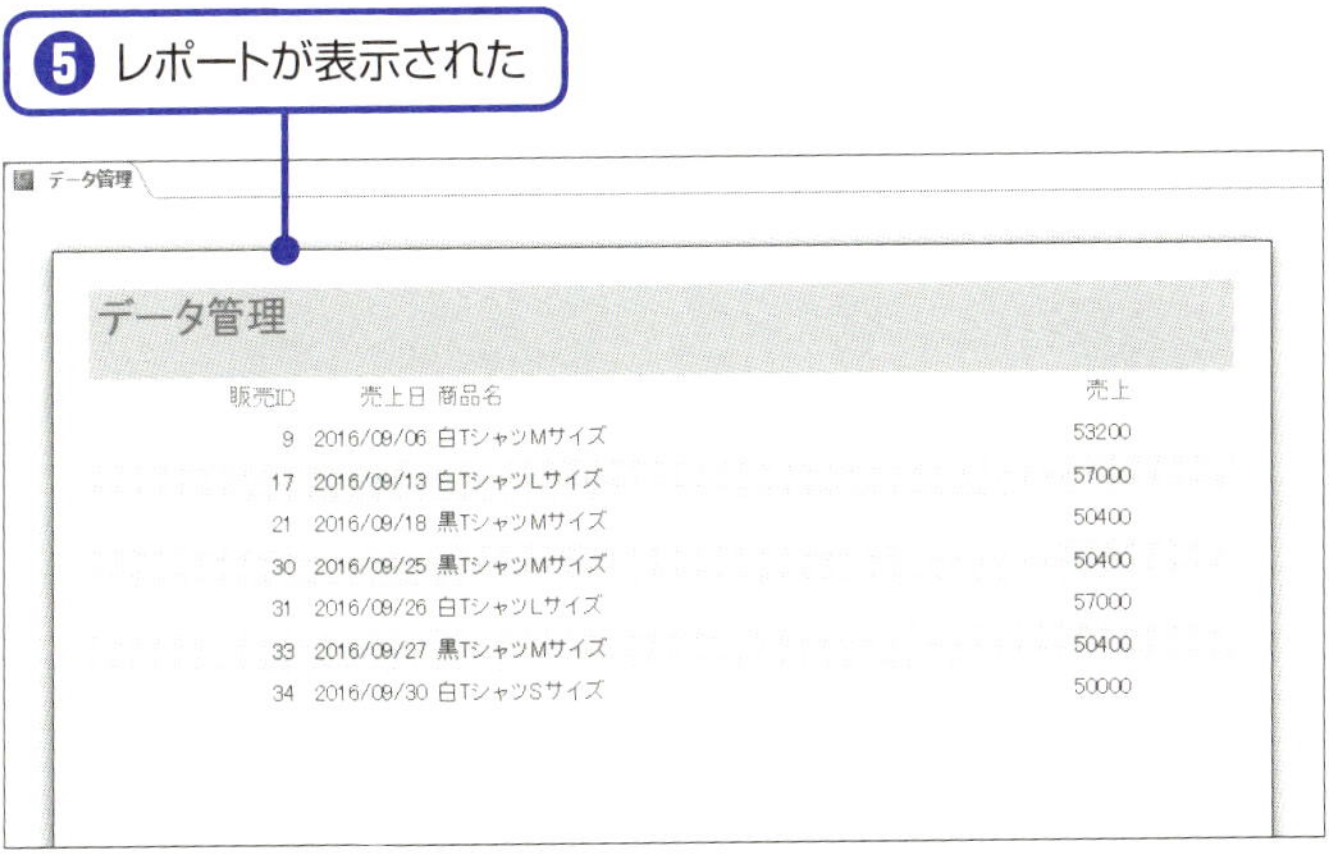

SECTION 20

アクセスでデータ運用する際の注意事項

必読

こまめに行いたい、最適化と修復

データベースファイルは、使用していくうちにファイル容量が大きくなる。レコードやクエリなどのオブジェクトが追加されれば容量が増えるのは当然だが、削除されたとき、その容量は自動で解放されない。一時ファイルなども残ることがあり、放っておくと不必要な残骸が蓄積されてしまう。

そのまま使用を続けるとファイル容量は肥大化し、状況によってはファイルが破損する事態も起こりうる。そうならないために、「最適化と修復」を定期的に実行し、不要な容量の解放と破損の予防を行う必要がある。

方法はかんたんで、リボンの「ファイル」タブから「最適化と修復」をクリックするだけだ。「誰が」「どの程度の頻度で」「いつ行うか」を明確にルール化し、忘れずに行いたい。

最適化／修復を行うと

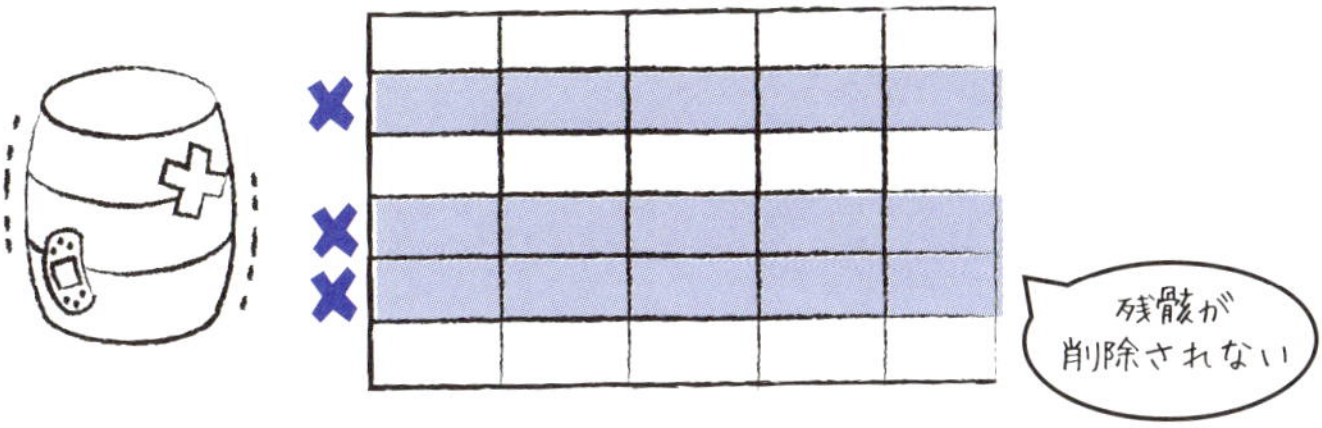

・最適化／修復

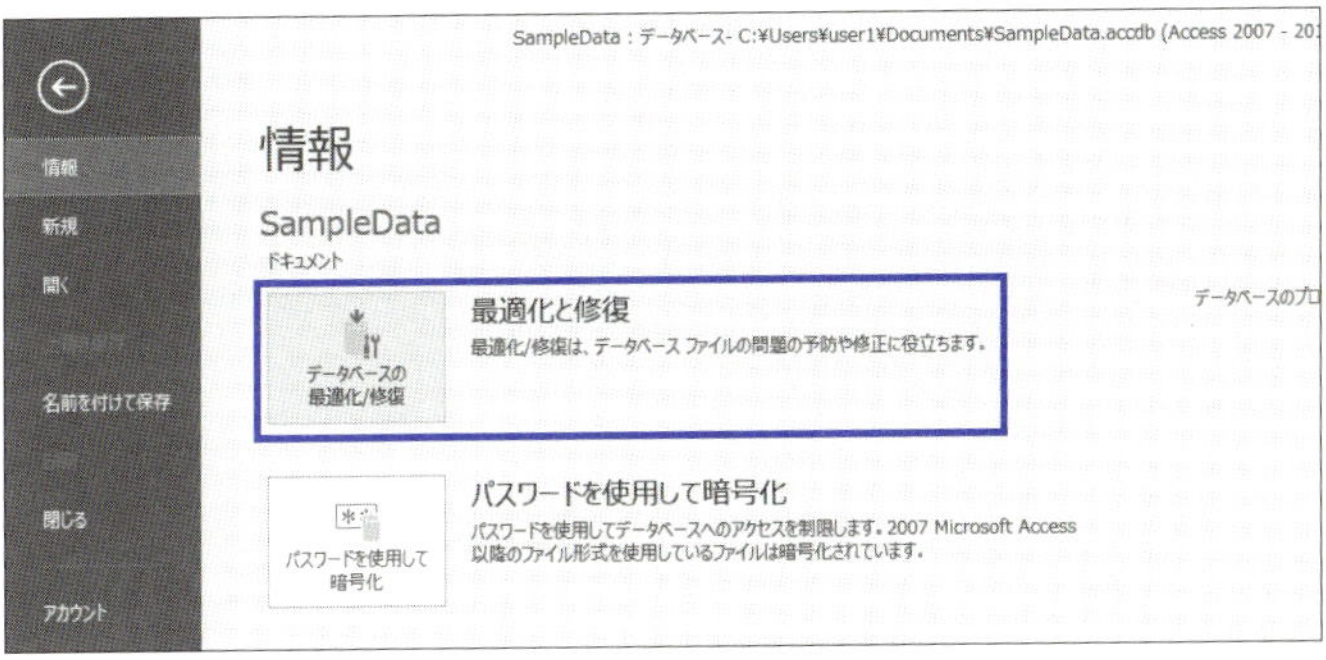

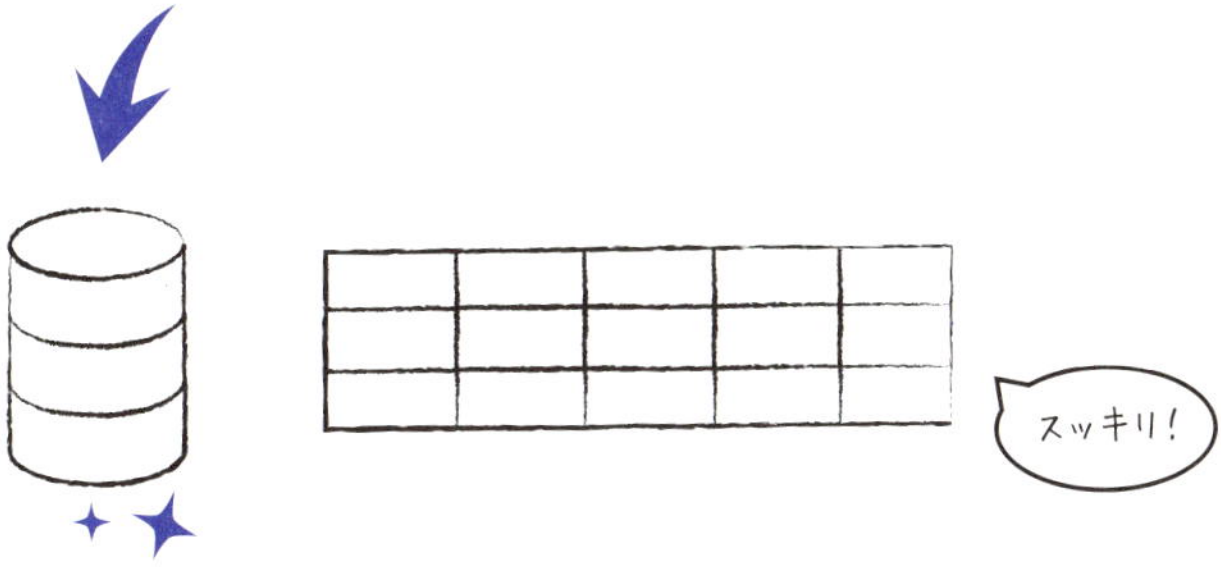

アクセスは手軽な反面、限界がある

アクセスは非常に扱いやすいデータベースソフトであるが、あくまで、個人または1台のパソコンで使われる小規模な業務向けの製品だ。ネットワーク上で多人数が同時に使用するといった使い方には不向きである。

また、アクセスではデータの上限は2GBとされている。シンプルなデータ群の小規模なシステムならば容量を気にする必要はないが、データの上限などの仕様を理解したうえで導入の検討を行うのは重要だ。

開発の前段階で、多人数での同時使用の可能性や、将来的に2GBを超える想定の中～大規模なシステムになり得るのかを十分に検討しよう。そして、省コストで手軽なぶん、制約もあるアクセスでこと足りるのか、専用サーバーのデータベースシステムと比較して選択するようにしよう。

繰り返しになるが、データベースは、すべての情報源であり、組織の重要な財産である。**データは一元管理され、必ず正しく、最新のデータでなくてはならない**。くれぐれも個人が別のソフトなどで二重管理を行わないよう、ルールの徹底が必要だ。

規模や目的に合ったデータベースの選定

ところで、この章で作成してきたサンプルを、個人使用向けの単体データベースソフトという説明をした（56ページ参照）のには理由がある。

たとえばこの章の要領で、小規模な販売管理データベースを作成し、作成者を管理者とする。しかし、データ入力を管理者だけでなく、数人の販売スタッフが持ち回りで行うとなると、データをテーブルに直接入力してもらうのは、誤操作などの不安がある。管理者はマスターテーブルやクエリも使いたいが、スタッフの入力は、基本的にはトランザクションテーブルの新規レコードを追加するだけでよいはずだ。

そんな場合、3章で紹介する、フォームとVBAを使った3層構造のアプリケーションが効果的だ。管理者以外のスタッフはフォームからしかデータを入力できないルールを決めておけば、間違いが起こりにくい。

3層構造のアプリケーションは、見た目でわかりやすいだけでなく、管理者以外のユーザーに安全にデータを入力してもらうという面でも、大きなメリットがある。

3章

データベースアプリケーションへの応用・発展

SECTION 21

アクセスで作るアプリケーションとはどんなものか

アクセスアプリケーションのしくみ

本章では、アクセスにおける3層アーキテクチャーのアプリケーションについて具体的に学んでいこう。

アクセスでは、データ格納のためのデータベースにあたる部分をテーブル、操作・閲覧を行うユーザーインターフェースにあたる部分をフォーム、その間をつなぐビジネスロジックの部分をマクロまたはVBAを使って実現する。

専用のフォームを作ることで、データベースの操作が視覚的・直感的にわかりやすくなり、アクセスへの理解が深くないユーザーでも扱いやすくなる。そこへ、フォームとデータベース間のやりとりを行うマクロもしくはVBAでプログラムを作成することで、かんたんな操作で利用できる3層アーキテクチャーのアプリケーションを作ることができるのだ。

プラスα

アクセスにおける3層アプリケーション

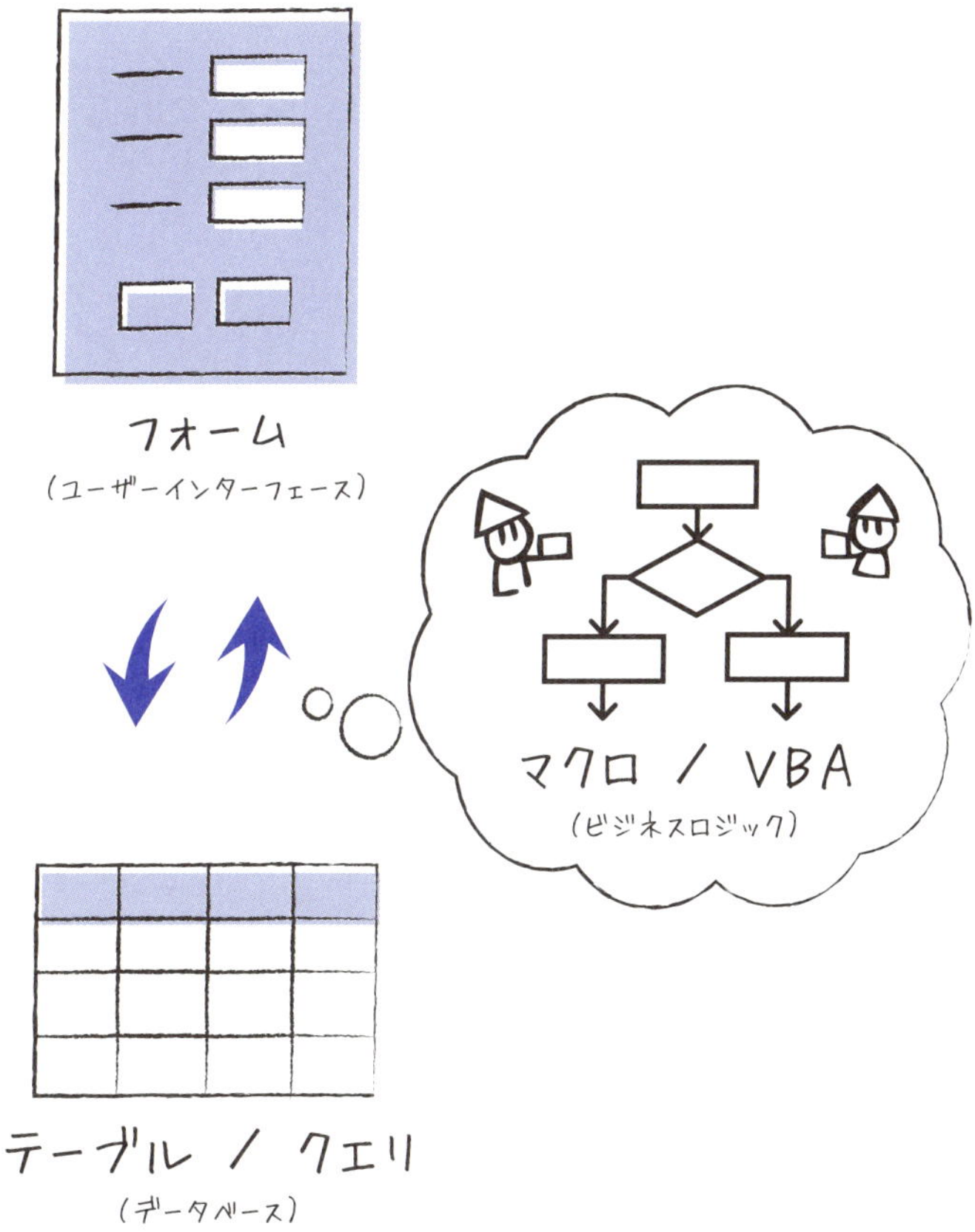

ユーザーインターフェースとなる、アクセスの「フォーム」

2章では、データベースへデータを入力するときは、テーブルを開いてエクセルのセルへ入力するように直接書き込んでいたが、**フォームを利用することで専用の「データ入力画面」を作成することができる。**

専用の入力画面のメリットは、アクセスの操作を知らないユーザーでも利用することができるインターフェースにできることだ。専用の入力画面を使用しないと、アクセスの画面上でさまざまな操作方法を覚える必要がある。しかしフォームを用意することで、アクセスの操作を知らないユーザーでも、直感的に、データの保存や削除などの操作ができるようになる。

また、フォームを使えば、データの入力画面だけではなく、さまざまなメニューを作ることもできる。データ入力画面を開くためのボタンや、クエリを実行するボタン、レポートを出力するボタンなどを作成すれば、データベースを使って「やりたいこと」をすべて集結させたアプリケーションが完成するのである。

フォームは視覚的・直感的に理解しやすい

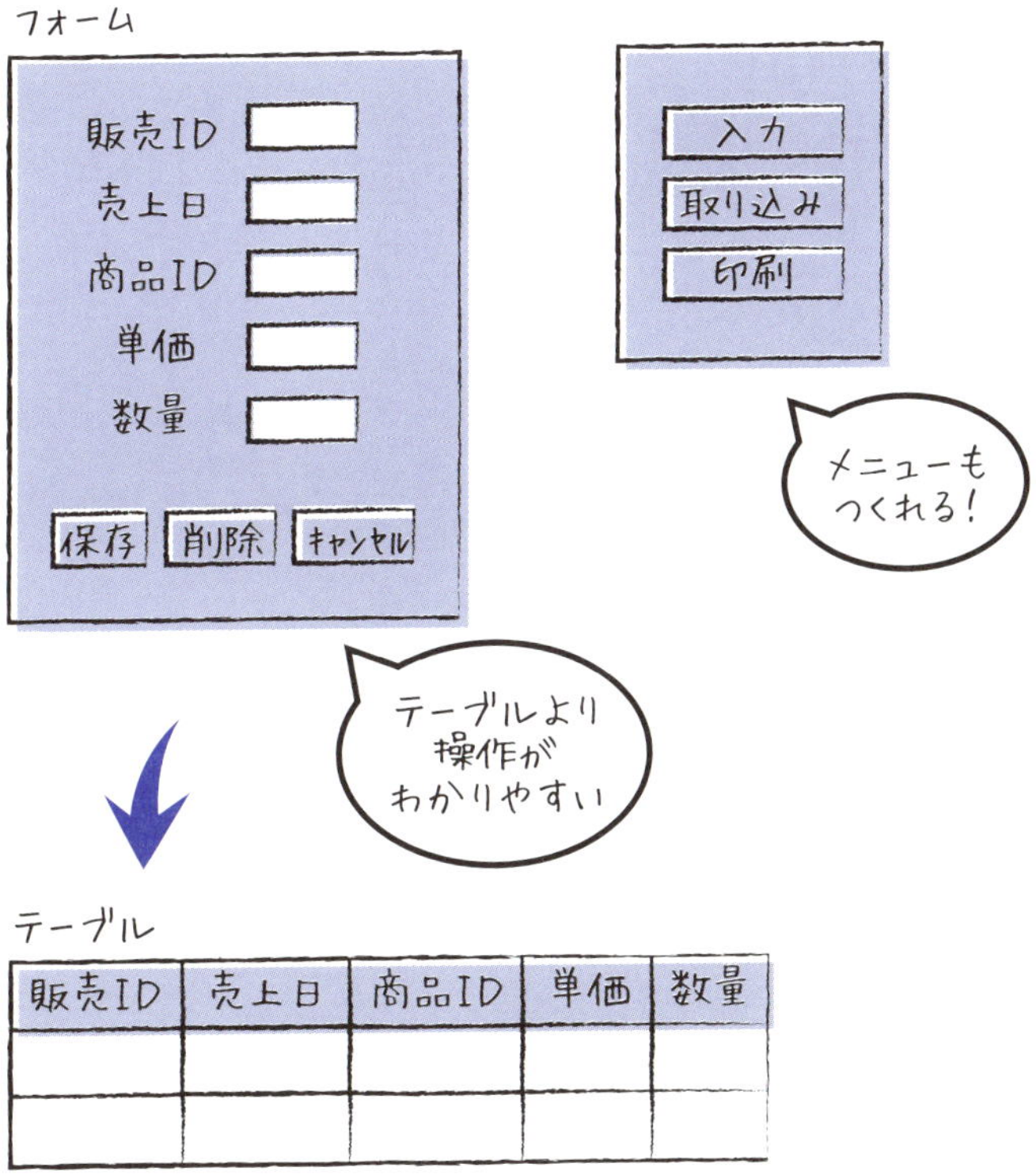

マクロとVBAの違い

フォームに用意されたボタンのクリックなどを「きっかけ」に、実際にデータベースへ処理を行う部分が、アクセスではマクロまたはVBAと呼ばれる機能だ。

ＶＢＡは、Visual Basic for Applicationsの略で、マイクロソフトオフィスシリーズに搭載されているプログラム言語である。ＶＢＡを使って、「フォームのボタンがクリックされたとき、順番にこの動作をする」といった命令文を書くことが**プログラミング**という行為で、実に細やかな動作までをも指示することができる。

なお、ＶＢＡという単語は、本来はただのプログラム言語名であるが、その言語を使ってソフトウェアに動作をさせること自体をＶＢＡと呼ぶこともある。

マクロとは、ＶＢＡでのプログラミングができない人でも、管理ツールを使って動作を設定すると、内部的に自動でプログラミングを行って保存してくれる機能だ。プログラミングの知識がなくてもマウス操作で直感的に設定でき、ＶＢＡをまったく意識しなくてもよいので非常に扱いやすい。

ただし、細かい部分をマクロのみで実現するのは難しい。そのため、より使いやすいアプリケーション作成を目指すならば、ＶＢＡの勉強もおすすめしたい。

VBAとマクロ

- VBA (Visual Basic for Applications)

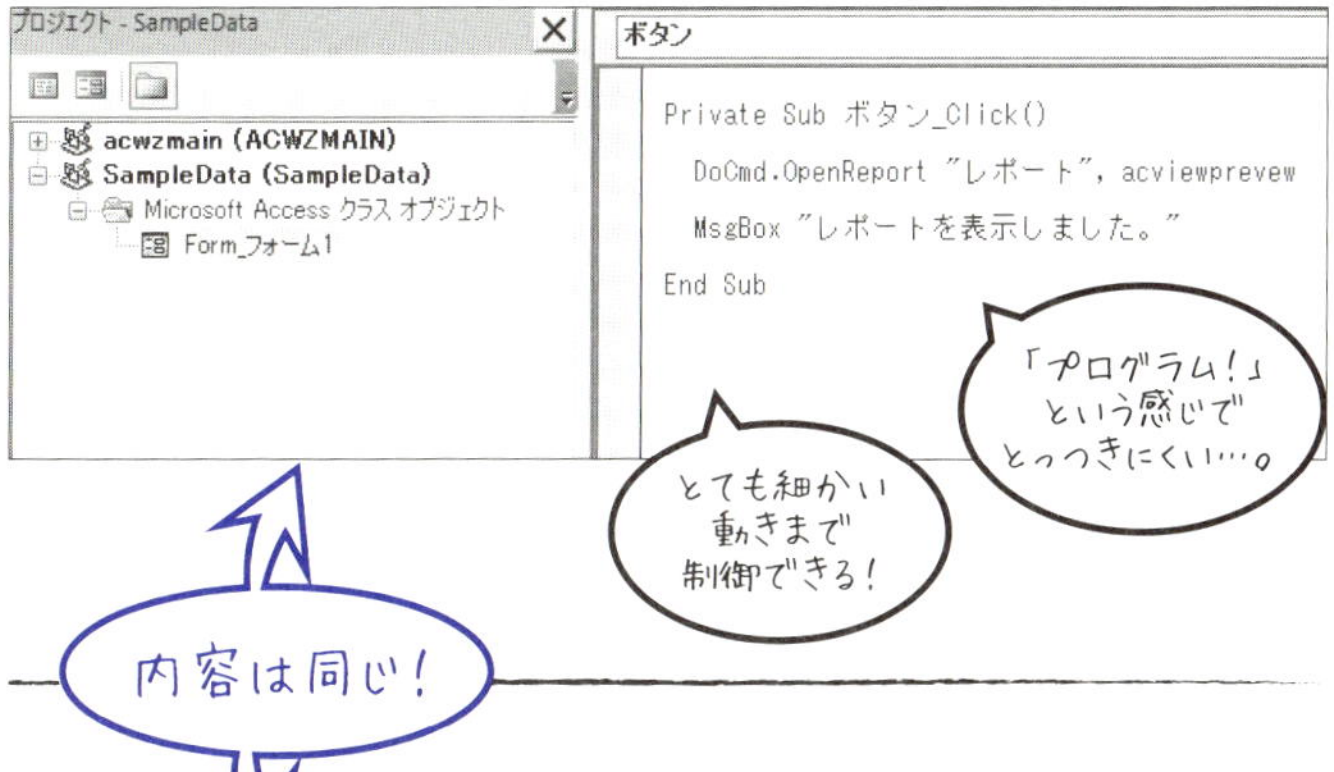

- マクロ

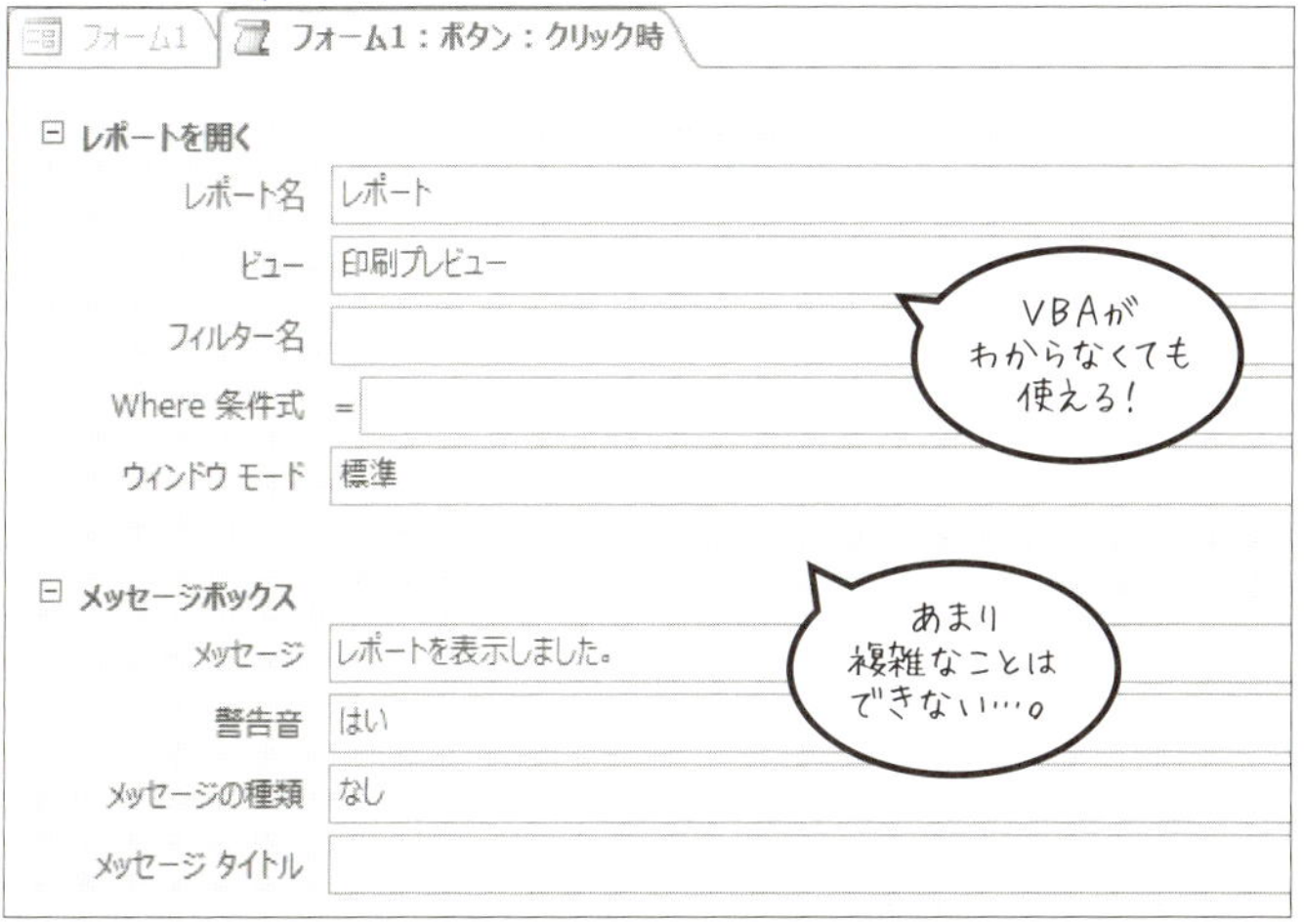

SECTION 22

プラスα

どういった手順でアプリケーションを作っていくのか？

アプリケーション開発の大まかな流れ

アプリケーション開発は、大きく分けて「仕様決め」「実装」「テスト」「稼働」というワークフローが一般的だ。仕様決めの部分は、情報の整理を行う。どんなデータを格納するのか、どのように集計したいのか、それに適したテーブルの形はどんなものか…、テーブルやフォームの形をラフスケッチに書き出せる状態まで決定しておけば、スムーズに次のフローに進める。

続いて、アクセスでアプリケーションを開発し（実装）、テストを行う。ダミーデータを使って意図する動きができるかどうか、意図しない操作をわざと行って不具合が起こらないかチェックするのもテストのひとつだ。問題があった場合、必要があれば仕様から見直して、少しずつ修正しながら進めていくのがよいだろう。

テストまで済んだら稼働である。本番環境のデータ想定外のトラブルも起こり得るので、ユーザーからこまめに意見を聞いて修正していこう。

開発の流れ

仕様決め
どんなデータ?
どんな集計?
どんな使われ方?
使用人数は?
実装
仕様書
テスト
販売ID
売上日
あああ
違う型の
データを
入れたら?
稼働
うっかり全角で
入力しちゃって
やり直すことが
多いんです
ユーザー
じゃあ全角文字は
入らないように
してみましょうか
管理者

全体の基礎となる、テーブルから実装しよう

それでは、決定した仕様を実際にアクセスに実装していく過程を、もう少し具体的に考えていこう。

アクセスで**最初に実装するべきものは、基礎となるテーブル**だ。フィールド名や型、ルックアップなどのテーブル設計をきちんと組み込むことで、そこから先の作業が楽になる。逆にいうと、先にテーブルの仕様が固まっていないと、あとで立ちゆかなくなるケースが多い。テーブルへの理解があいまいなままフォームやマクロ・VBAの作成に入らないよう注意したい。クエリはフォームから使うことができるので、テーブル完成後、フォーム作成の前に作成しておこう。

テーブル・クエリが完成していると、フィールドの型やルックアップを利用したフォームを作成できる。まずはアクセスの機能でフォームを自動作成しておいて、好みにカスタマイズしていくとよいだろう。

マクロやVBAを実装する際、細かな動作ごとに意図した動きをするか確かめながら進めていこう。多くの動作を一度に検証しようとすると、エラーがどこで起こっているか突き止めにくくなってしまう。

テーブルが完成してから次のステップへ

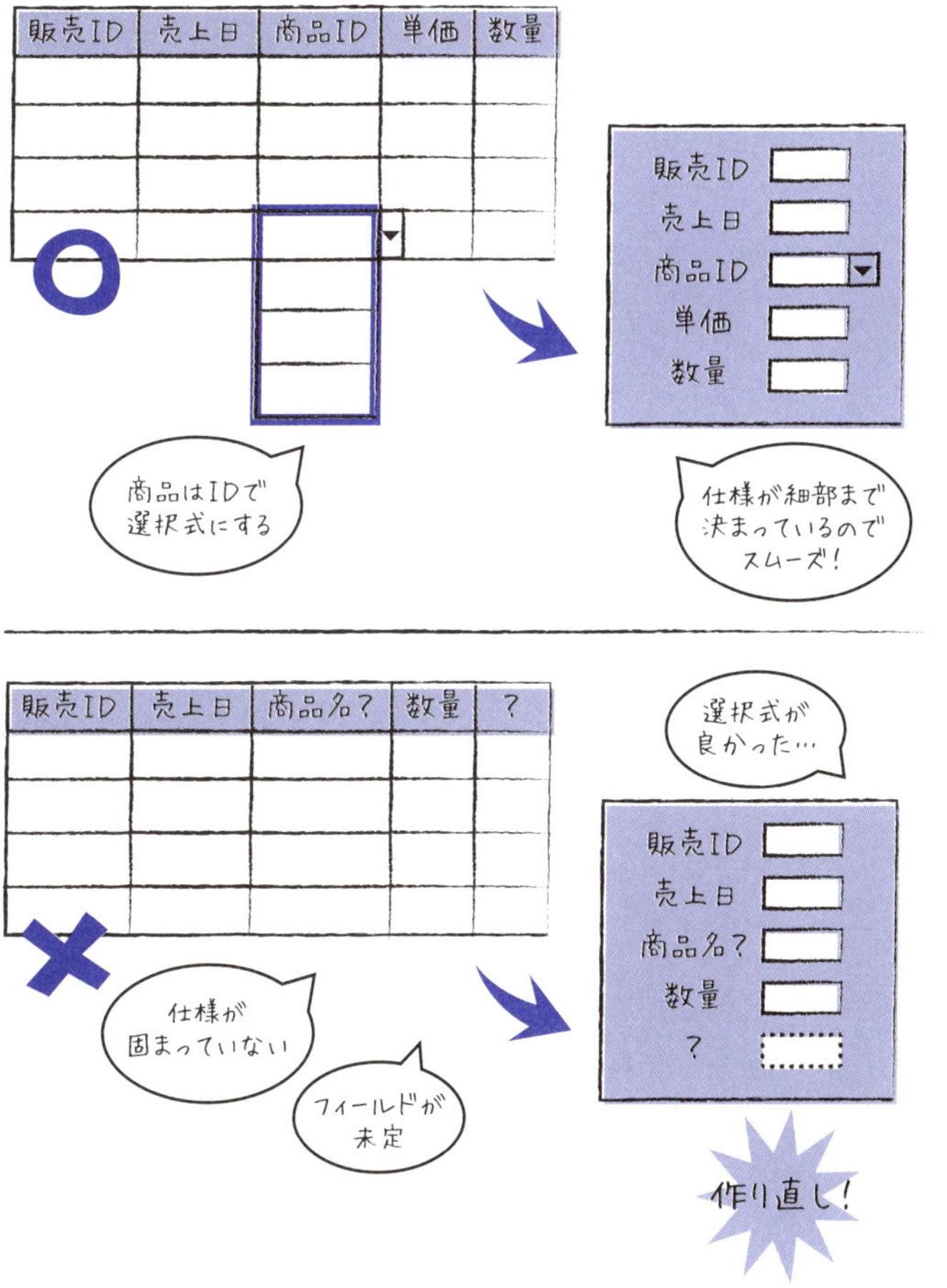

SECTION 23

アプリケーション開発は「どう使いたいのか」が一番重要

業務内容を把握し、最後の工程を分解して考える

アプリケーションに一番大切なことは、「ユーザーが使いたい機能がきちんと備わっているか」だ。そのため、どんな集計、どんな使い方をしたいのかを、ユーザーと綿密に打ち合わせる必要がある。その際、「誰が・いつ・何のデータを・どんな目的で・どのパソコンで・どのようにしたいのか」を明確に、漏れのないように要求仕様書として記録しておく。その要求を実現するためにはどのようなテーブル・フォームが必要なのかを突き詰めていくと、あとからのトラブルが起こりにくい。

ユーザーとの打ち合わせから、保存すべき項目を拾い上げ、さらにそれを分解する。要求が「売上」などの計算後データならば、テーブルに格納するのは「単価」と「数量」などの計算前データにしておく。このように最小単位にまで分解したら表形式に書き出し、同じ値が何度も出てくる部分はテーブルを分割して、管理しやすい形のテーブルやフォームの設計を行う。

プラスα

工程を分解して効率のよいテーブル作り

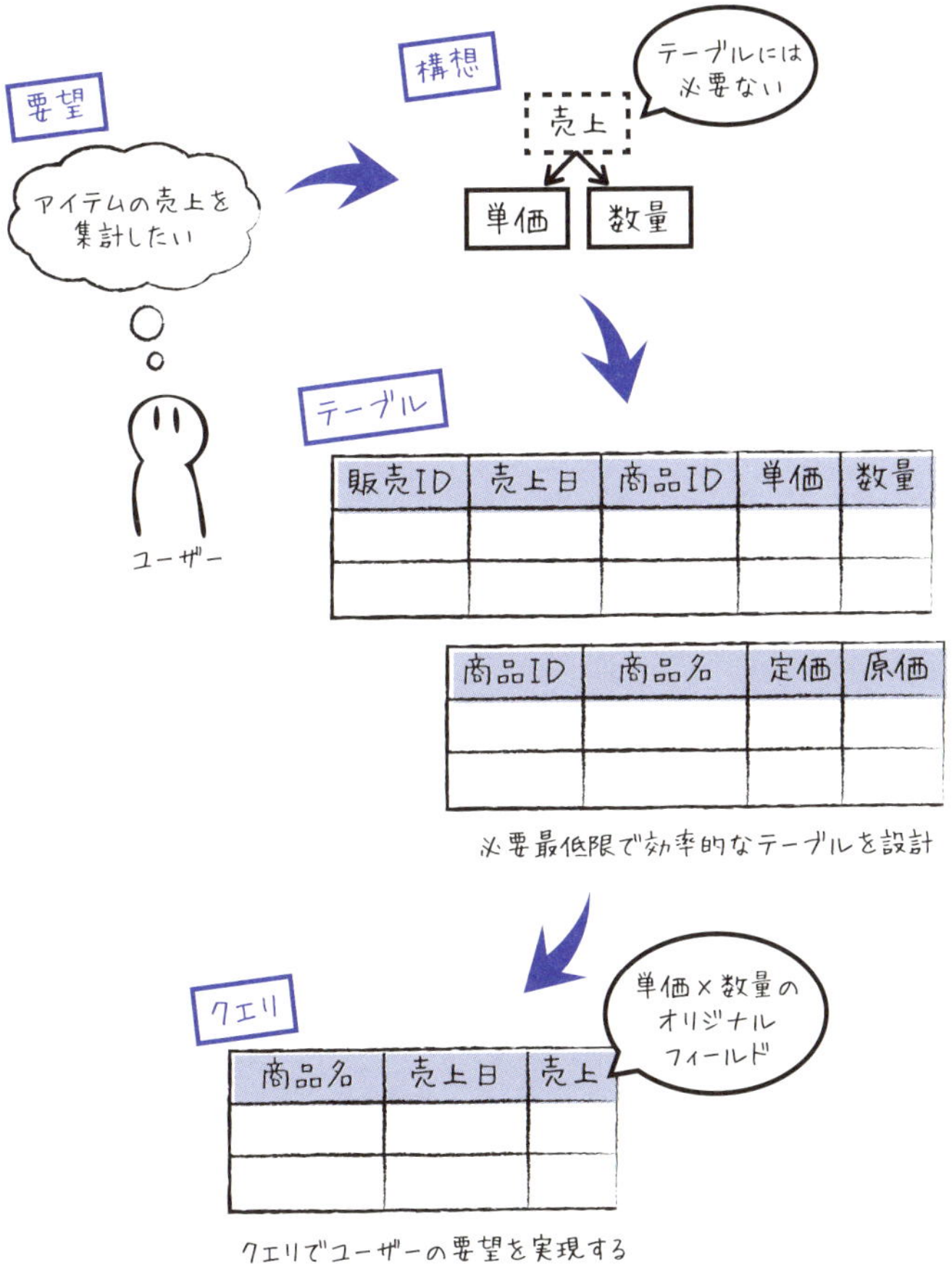

開発終了後の仕様変更は非常に高コスト

アプリケーションの土台は仕様である。「ユーザーがどう使いたいのか」を元に設計・実装していくので、**土台である仕様があとから変更になると、最悪の場合、最初から作り直すなどの膨大な労力とコストの無駄になってしまう。**

最初の打ち合わせの時点で、どれだけユーザーの業務を理解できるか、ユーザーとの認識の差異を小さくできるかで、開発後のコストが大きく変わってくる。

しかし、どれだけ事前に努力しても、使っていくうちに「こういうこともできたらいいな」ということは出てくるものだ。たとえば、顧客情報を持つテーブルに「誕生月」を特定できるフィールドがないのに、稼働後に「誕生月のお客さんにハガキを送りたい」という追加の要望があったとしたら、新しく追加するしかない。もしあらかじめ「年代別の集計がしたい」などの理由で「年代」というフィールドがあったのならば、非常に惜しい。この「年代」が「生年月日」だったならば、「年代」も「誕生月」も、今後「年齢」が必要になったときにも対応できるだろう。

このように、ひとつの目的に縛られずに、フィールドを汎用的に使える形式にしておくと、追加要求や仕様変更への労力を小さくできるケースもある。

ひとつの変更が及ぼす影響

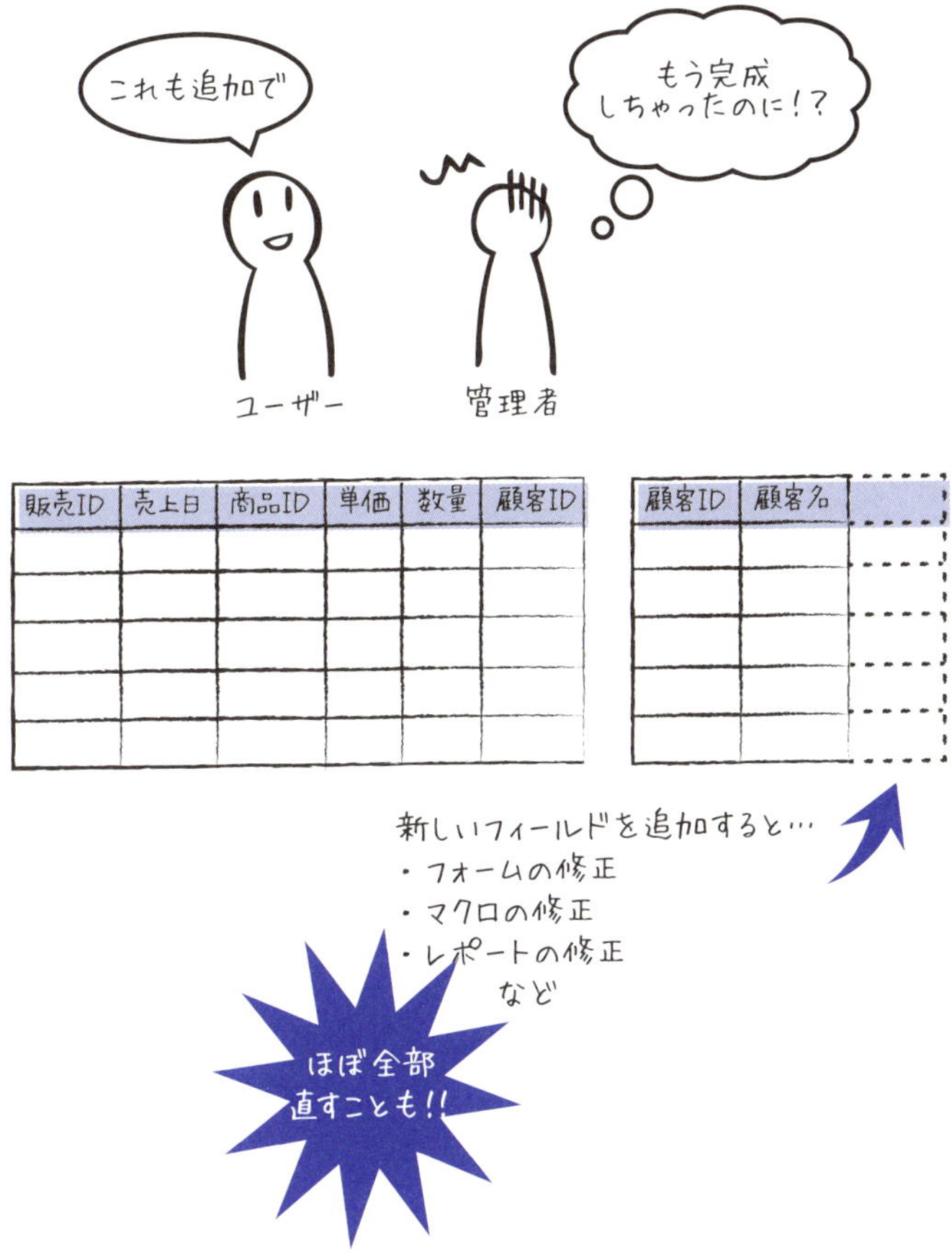

SECTION 24

フォームビューを使ってフォームを作成する

プラスα

ユーザーインターフェースとなるフォームの作成

3層アーキテクチャーのアプリケーションでは、ユーザーとの接点は「フォーム」だ。ここでは、具体的な作り方を見てみよう。

まずは既存のテーブルを元にフォームを作成してみる。サンプルデータの「販売データ」テーブルを「データシートビュー」で開き、リボンの「作成」タブの「フォーム」をクリックしてみると、選択されたテーブルの入力画面のようなものが、自動で作成される。最初に表示されているのは「レイアウトビュー」という表示モードで、データを閲覧しながらフォーム上の要素の大きさを変えたり、揃えたりできる。なお、フォームの下部に現在表示されているレコード情報がある。

リボンの「表示」から「フォームビュー」を選ぶと、データ入力や操作ができるモードとなる。このフォームはテーブルを元にしており、要素がテーブルと連結していて、「フォームビュー」上でデータ変更するとテーブルのデータも変更される。

テーブルから作成したフォーム

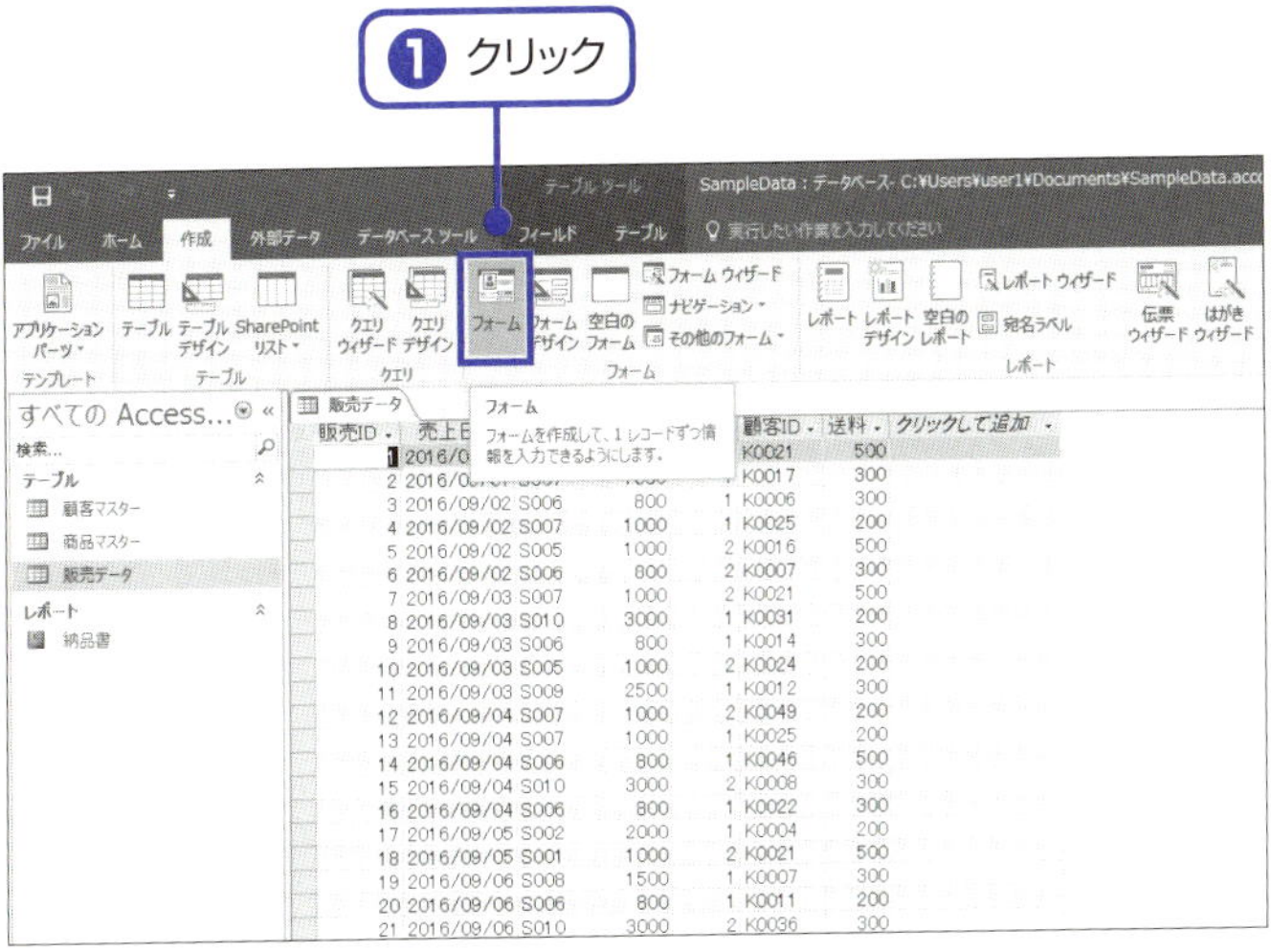

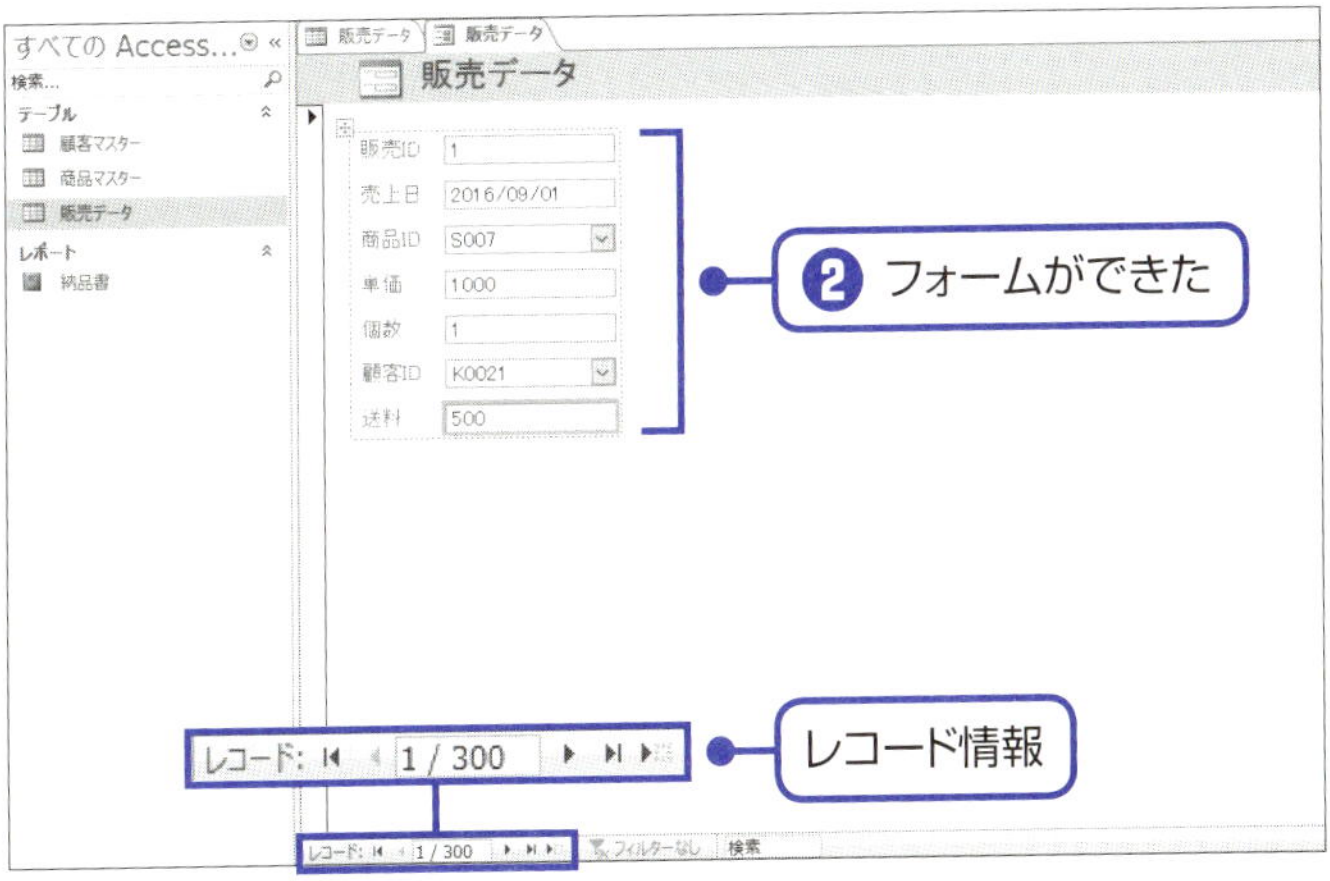

フォームの上に配置して使う「コントロール」

フォームは、コントロールという部品を使ってさまざまな機能を実装する。

テーブルから作成したフォームには、テーブル内のフィールド要素がすべて自動で配置されている。フィールド名が表示されている文字の部品は「ラベル」、データが収められているボックスは「テキストボックス」というコントロールだ。ルックアップを設定してある部分は、値を選ぶことができる「コンボボックス」というコントロールになっている。

リボンの「作成」タブから「空白のフォーム」をクリックすると、まっさらな状態のフォームを作ることができる。このフォームは、「デザイン」タブからコントロールを選んで、フォーム上の任意の場所をドラッグすることで、自由にラベルやテキストボックスなどを配置することができる。

テーブルから作成したフォームは、テーブルへの入力やデータ編集の目的になることが多いが、「空白のフォーム」は、繰り返し使いたい作業をマクロ化したものを起動するボタンを配置するなど、入力以外のサポートとして使う。

主なコントロール

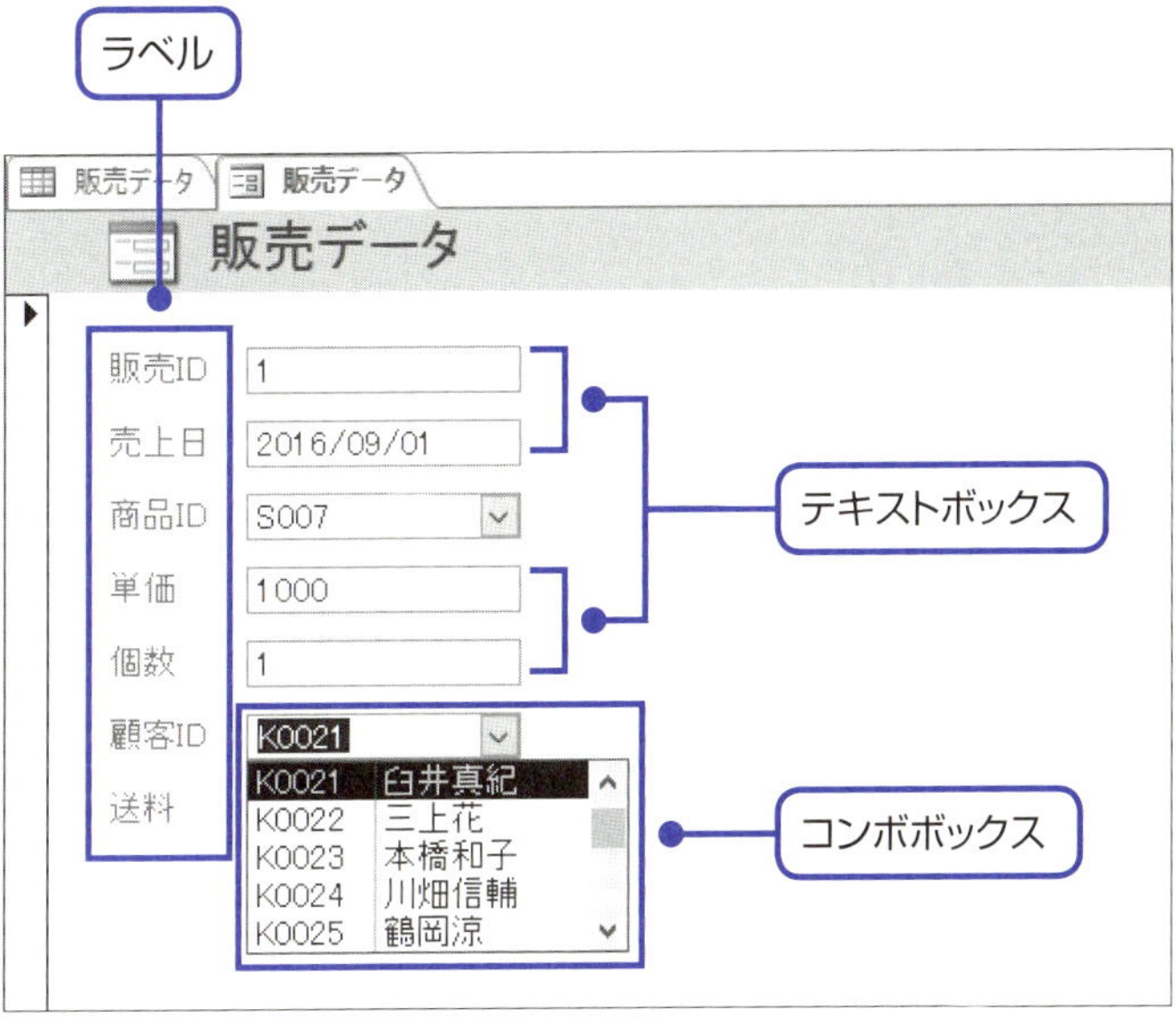
ラベル
販売データ
販売データ
販売データ
販売ID
売上日
商品ID
単価
個数
顧客ID
送料
1
2016/09/01
S007
1000
1
K0021
K0021 白井真紀
K0022 三上花
K0023 本橋和子
K0024 川畑信輔
K0025 鶴岡涼
テキストボックス
コンボボックス

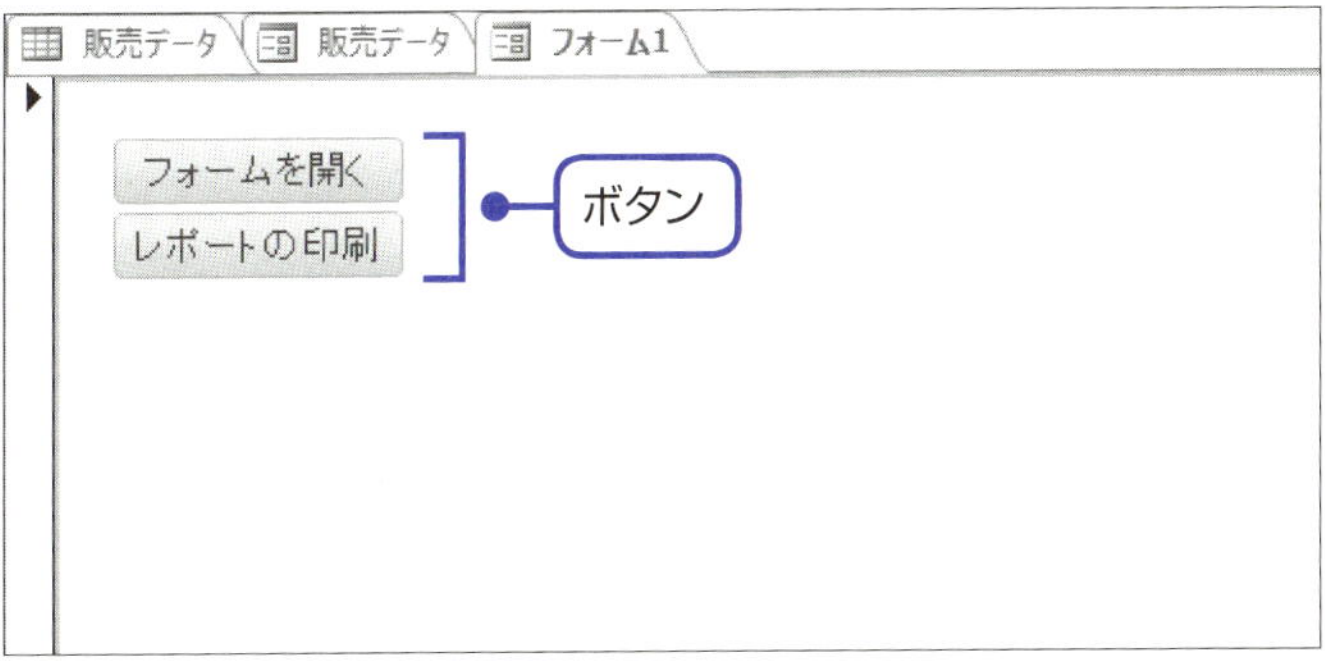
販売データ
販売データ
フォーム1
フォームを開く
レポートの印刷
ボタン

デザインビューでコントロールの細かい設定を行う

「デザインビュー」でフォームを表示すると、ヘッダーやフッターを含めた詳細なデザインや、各コントロールへの細かい設定などができる。

テーブルから作成したフォームでは、テーブル内のフィールドと連動しているテキストボックスなどが自動で作成され、フォーム上の変更がテーブルのデータへ反映される。これは、リボンの「デザイン」タブから「プロパティシート」を表示し、「データ」タブの「コントロールソース」で設定されている。この項目が空白だと、コントロールはどのフィールドとも連動していない状態で、「非連結」と表現される。フォームタイトルやボタンは非連結コントロールである。テキストボックスを非連結にすると、内容を変更してもテーブル内のデータに影響を与えない。

また、「プロパティシート」の「イベント」タブでは、マクロかVBAで作成されたプログラムを動かす「きっかけ」が多数用意されている。「ボタン」をクリックするとプログラムが動くのが一般的だが、たとえば「コンボボックスの値が変更されたとき」にプログラムを動かす、といった設定を行うことも可能だ。

プロパティシートで詳細な設定

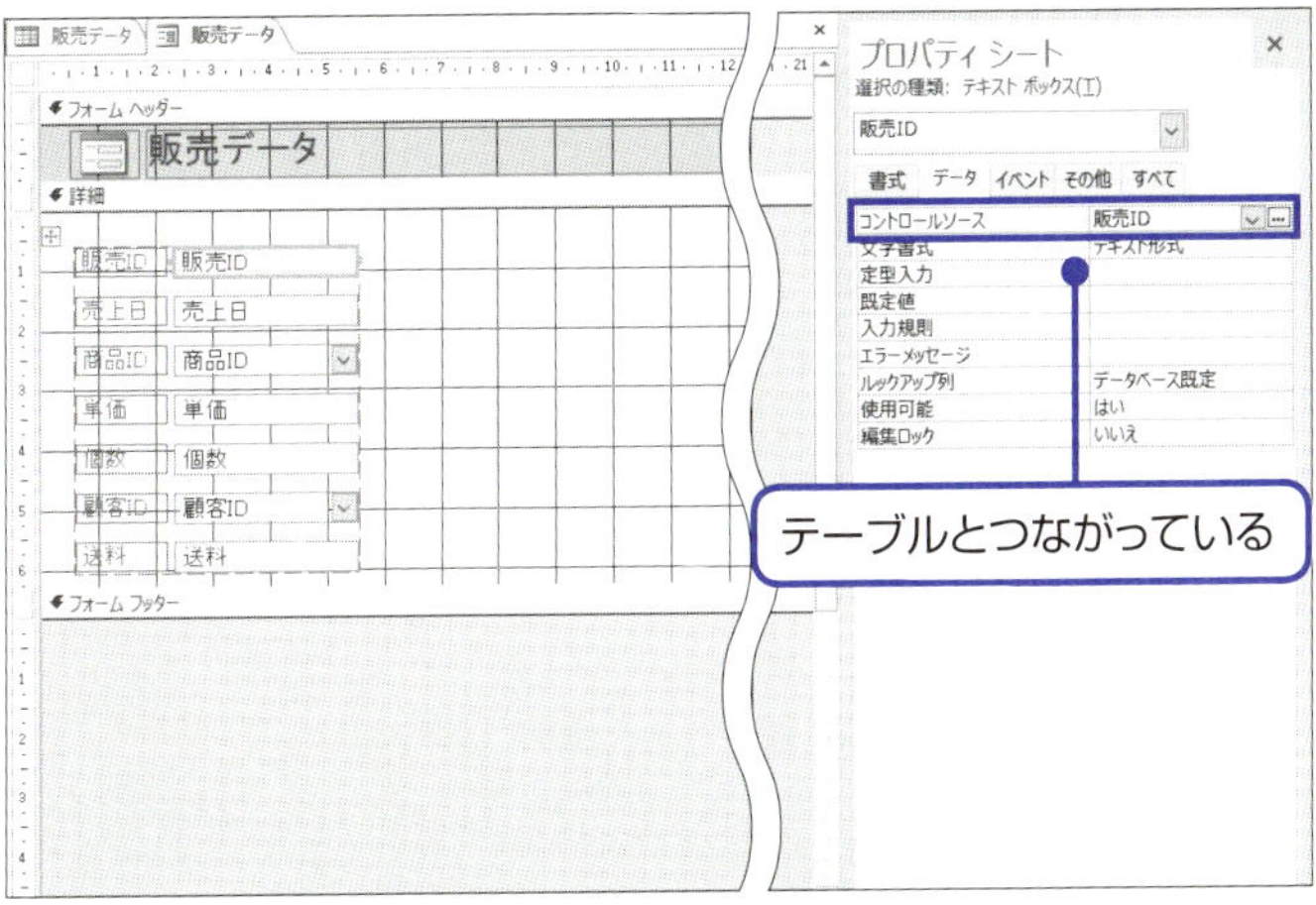

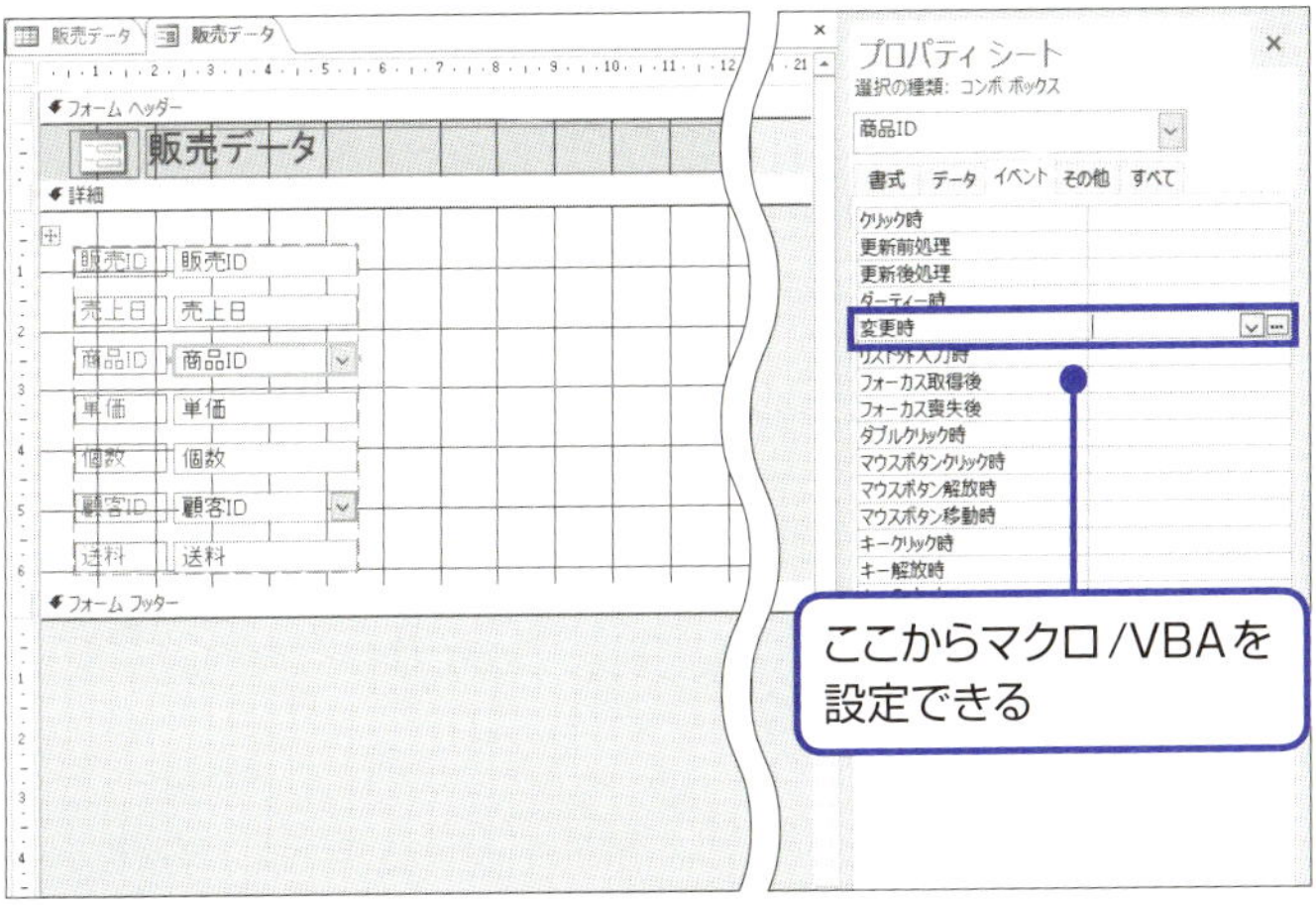

SECTION 25

アクセスでプログラミングに取り組むコツ

全体を見ないで、「きっかけ」と「まとまり」を意識する

「プログラミング」という単語だけで「自分には無理！」と思い込んで、自身でハードルを上げてしまっている人は多いのではないだろうか。英数字の羅列が際限なく並んでいるように見えて、脳が理解を拒否してしまうのだろう。

しかし、際限なく並んだ英数字をよく見ると、プログラムはいくつかの「まとまり」に分解できる。プログラムは「まとまり」ごとに動作する内容が異なる。そしてそれぞれの「まとまり」を動作させる「きっかけ」がある。

「ボタンをクリックしたとき」「値が選択されたとき」など、それぞれの「きっかけ」に応じて動作する「まとまり」がどこからどこまでかを意識してみよう。

また、ひとつの「まとまり」の中には、1行ずつプログラムが並んでいる。全体を眺めると嫌になってしまうが、プログラムを1行ずつ理解していけばわかりやすい。

プラスα

「きっかけ」と「まとまり」の中の１行だけ

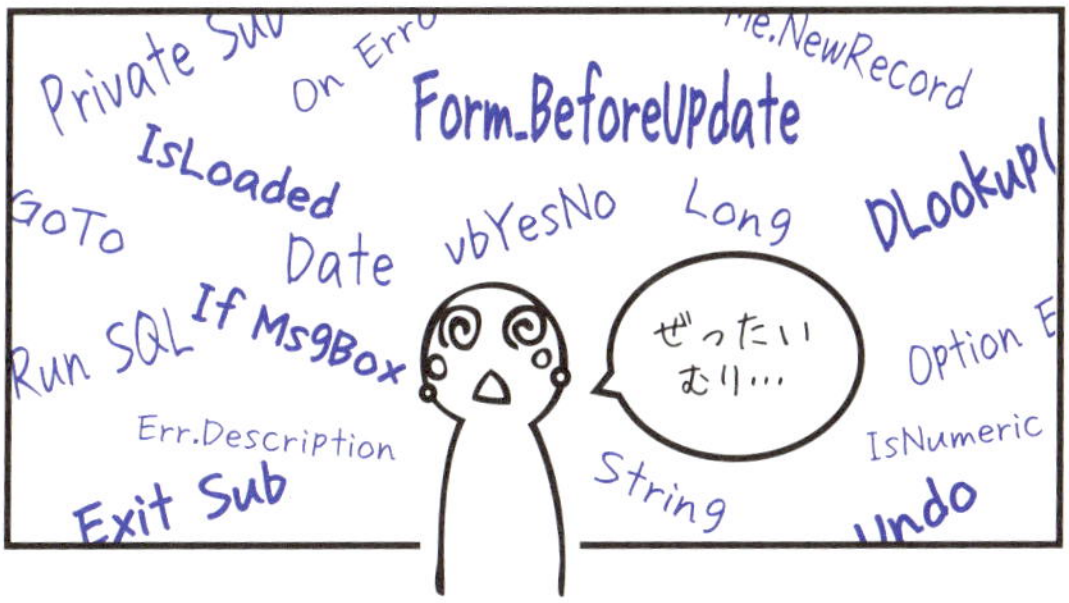

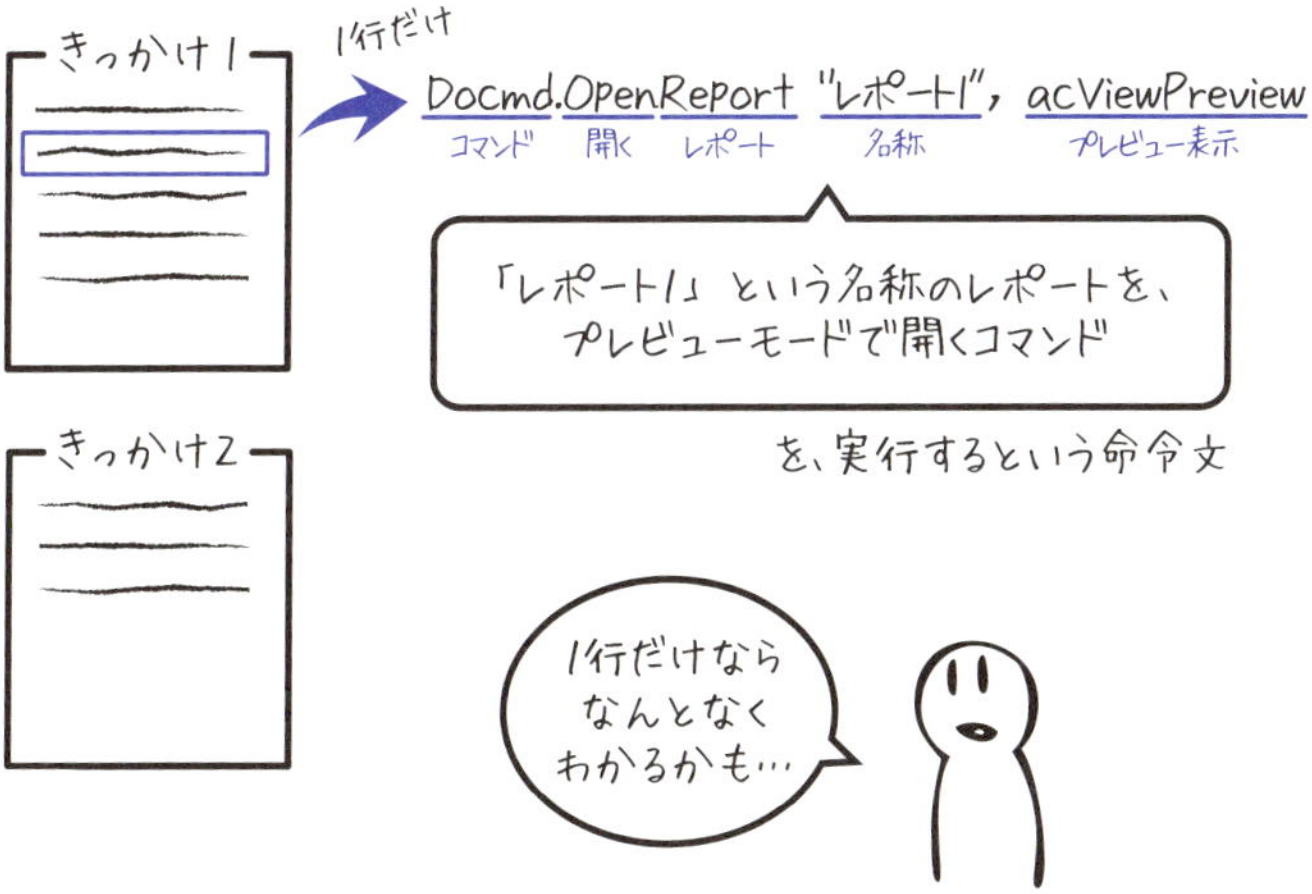

プログラムがどうやって処理されていくか？

パソコンはとてつもなく難解なことをしているわけではない。むしろ、とても単純なことしかできない。プログラムの実行は、「きっかけ」を指定し、その「きっかけ」で動作する「まとまり」に書いてある**単純な命令を上から1行ずつ順番に処理していくだけである**。

ただ、1行1行は単純な命令でも、何十行も続いていると一見難しそうに見えるうえ、実行時は非常に高速で処理されるので、人間の目には「複雑なことが一瞬で終わった」ように見えてしまう。このギャップが、「プログラミングは難しそう」と思わせてしまうかもしれないが、ぜひ、「きっかけ」と「まとまり」を意識して、**1行1行をじっくり理解する努力**をしてみてほしい。

また、プログラムを柔軟に動かすために、ルールがあるということも知っておこう。ルールがなければ毎回まったく同じ動きしかできないが、もしAだったら処理1、Bだったら処理2を行う「条件分岐」というルールや、「繰り返し」「ジャンプ」などのさまざまなルールを組み込むと、実行時の状況によって複雑な動作をさせることができたり、同じ命令文を省略できたりして、より使いやすくできるのだ。

プログラムは１行ずつ見ていこう

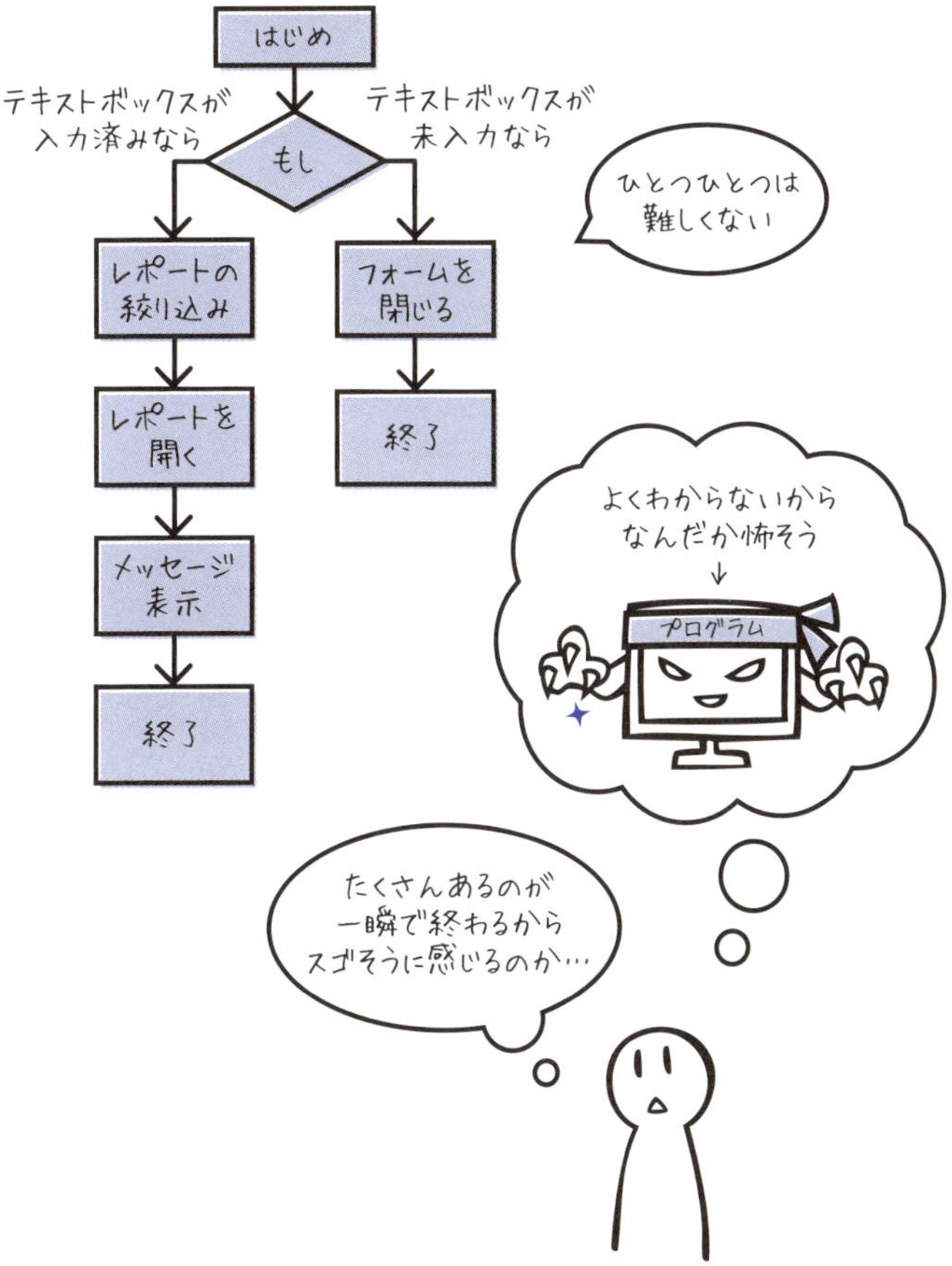

SECTION 26

フォームから動くマクロを作成する

プラスα

ウィザードで「レポートを開く」ボタンを作る

サンプルファイルに「納品書」というレポートがあるが、開いただけではすべての販売データが表示されてしまうので、特定の「販売ID」だけが抽出されるようにしたい。そのため、「販売ID」の入力画面を表示し、そこで入力された「販売ID」の「納品書」が開く、というマクロを作ってみよう。

まずはリボンの「作成」タブから「空白のフォーム」を作成する。「デザイン」タブから「ボタン」を選び、フォーム上でクリックすると、「コマンドボタンウィザード」が開く。種類を「レポートの操作」、ボタンの動作を「レポートを開く」にし、開くレポートを「納品書」に指定する。ボタンに表示する文字列またはピクチャを選べるが、今回は「納品書発行」という文字列にする。ボタン名は「ボタン1」という名前にして、「完了」をクリックする。

これで、まずは「納品書」レポートを開くボタンができた。

レポートを開くボタンを作る

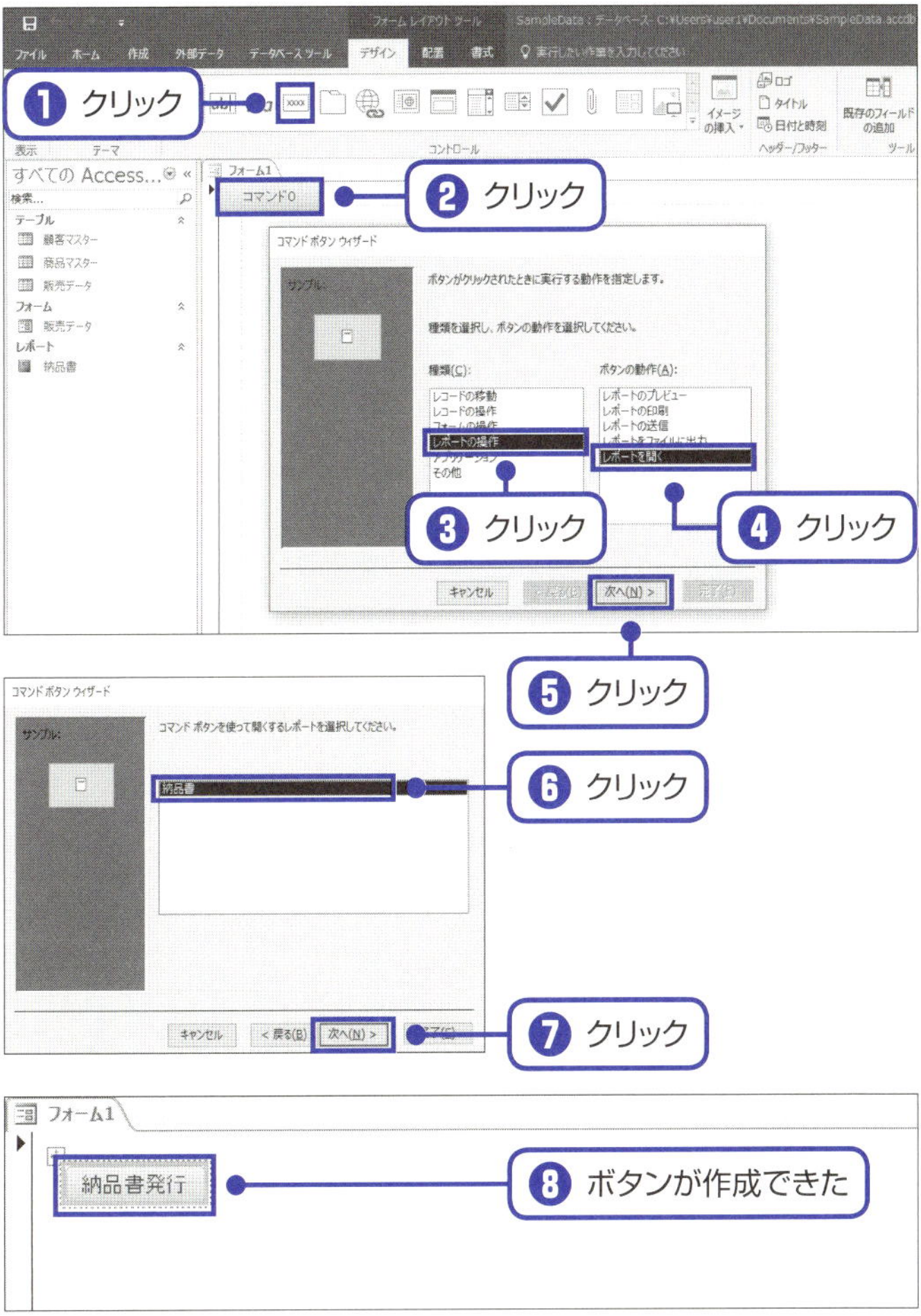

マクロツールで「販売ID」の指定を追加する

「レイアウトビュー」または「デザインビュー」の状態で、145ページで作成したボタンを右クリックし、「イベントのビルド」を選択する。「ビルダーの選択」が表示された場合、「マクロビルダー」を選ぶ。すると、「マクロツール」という画面になる。タブに「フォーム1のボタン1のクリック時」という「きっかけ」の名称があり、タブ内が、この「きっかけ」で動く「まとまり」だ。

「まとまり」の中身は、「レポートを開く」が命令文で、その下に並んでいるのは、その命令文に対する各種設定部分だ。

レポート名の部分が「ChrW＊＊」と表示された場合、そのままでも問題ないが、削除して日本語名のレポートを選び直すとわかりやすい。

「Where 条件式」という部分に、「[販売ID]=[販売IDを入力してください]」と書くと、「販売ID」に対する入力要求画面が設定できる。

マクロツールを上書き保存して閉じ、「フォームビュー」でボタンをクリックすると、左ページのように「パラメーターの入力」というウィンドウが開き、入力した「販売ID」でフィルターされた「納品書」が開かれるのが確認できる。

マクロツール

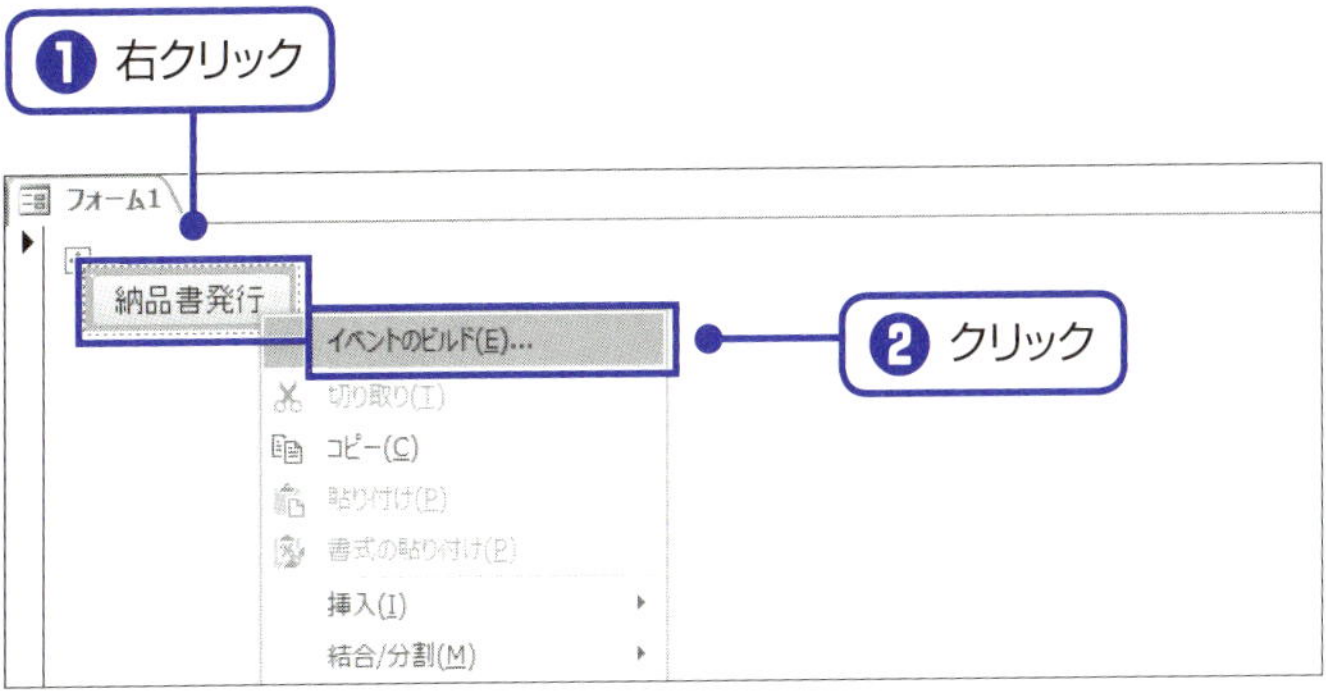
❶ 右クリック
フォーム1
納品書発行
イベントのビルド(E)...
切り取り(T)
コピー(C)
貼り付け(P)
書式の貼り付け(P)
挿入(I)
結合/分割(M)
❷ クリック

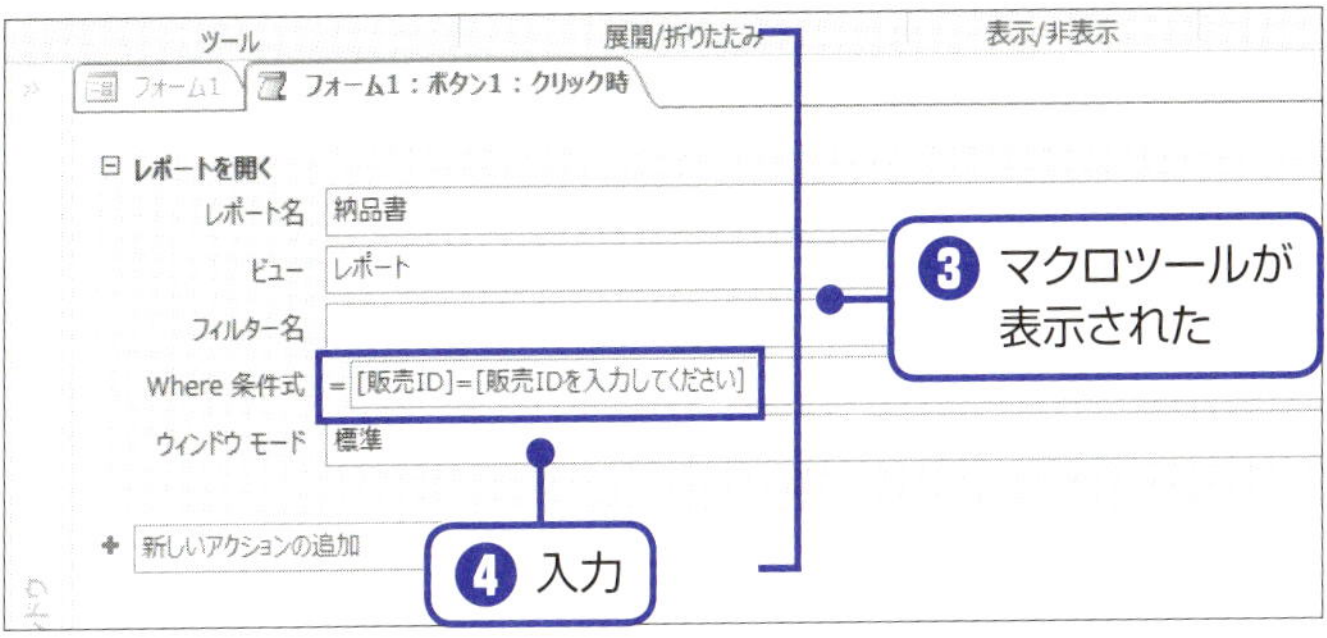
ツール
展開/折りたたみ
表示/非表示
フォーム1
フォーム1：ボタン1：クリック時
レポートを開く
レポート名 納品書
ビュー レポート
フィルター名
Where 条件式 = [販売ID]=[販売IDを入力してください]
ウィンドウ モード 標準
新しいアクションの追加
❸ マクロツールが表示された
❹ 入力

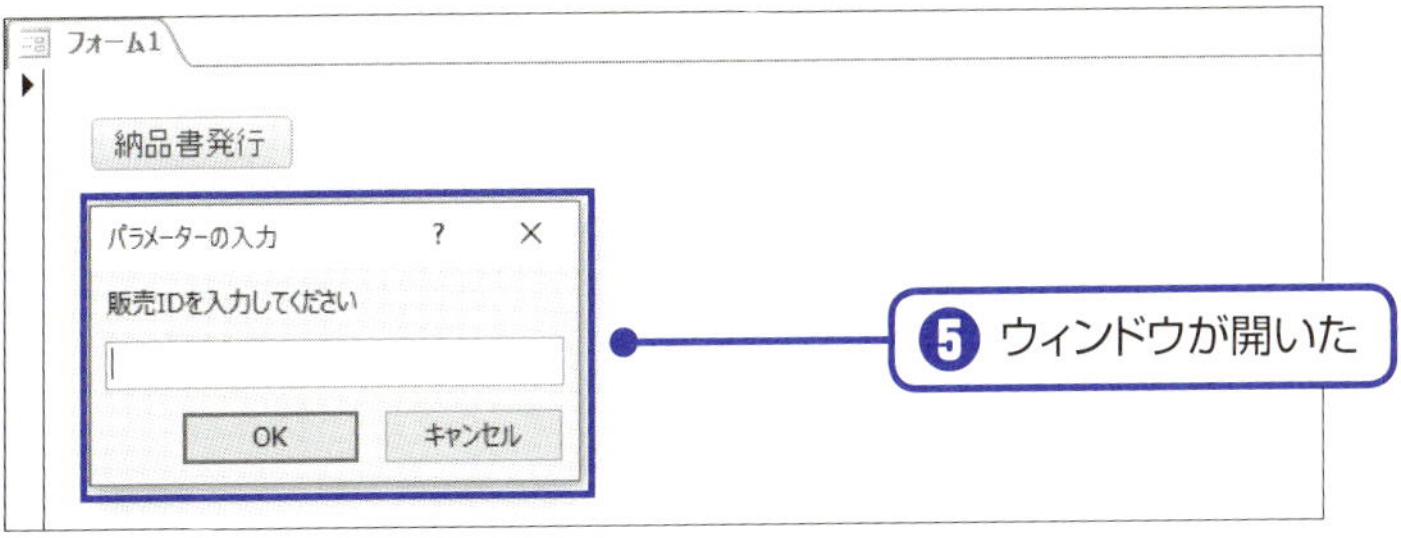
フォーム1
納品書発行
パラメーターの入力
販売IDを入力してください
OK
キャンセル
❺ ウィンドウが開いた

SECTION 27

VBAでレコードの保存を制御するプログラムを作成する

プラスα

VBEを開いて、起動の「きっかけ」を作成する

136ページで作成した「販売データ」フォームでデータを書き換える際、実際にデータを更新する前に保存の可否を問うVBAを作成してみよう。

「販売データ」フォームを「デザインビュー」で開き、「デザイン」タブから「プロパティシート」を表示する。「選択の種類」の下の▼をクリックして「フォーム」を選ぶ。「イベント」タブの「更新前処理」の「…」ボタンをクリックし、「コードビルダー」を選択する。すると、VBAを記述する専用のウィンドウ、VBE（Visual Basic Editor）が開く。「Sub～End Sub」で囲まれている部分がひとつの「まとまり」で、ここでは「Form_BeforeUpdate」（更新前処理）という名前の「きっかけ」になっている。ここへ、データを更新する前に保存の可否を問うプログラムを作成する。

VBEの起動

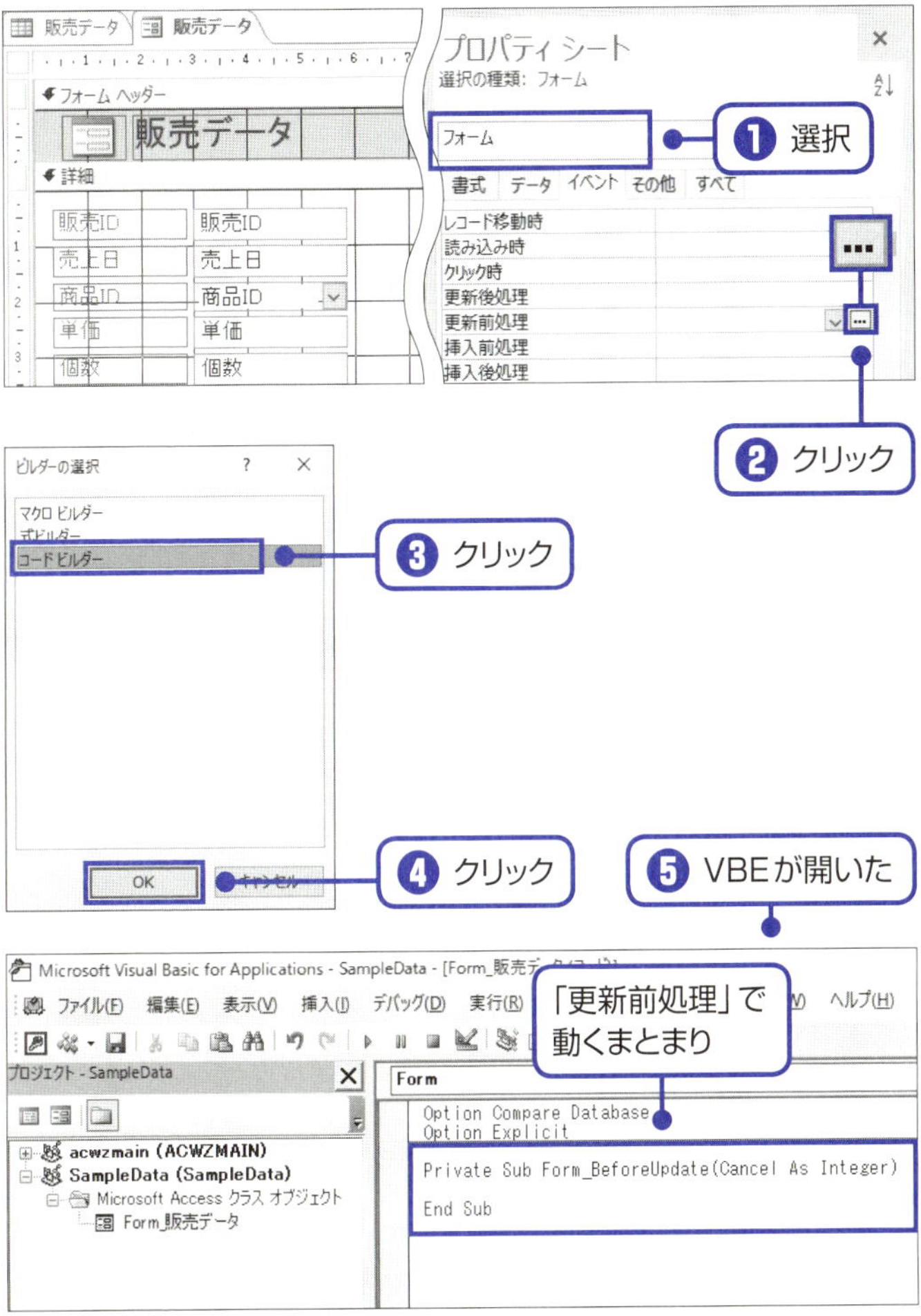
販売データ
プロパティ シート
選択の種類: フォーム
フォーム
❶ 選択
書式 データ イベント その他 すべて
レコード移動時
読み込み時
クリック時
更新後処理
更新前処理
挿入前処理
挿入後処理
❷ クリック
ビルダーの選択
マクロ ビルダー
式ビルダー
コード ビルダー
❸ クリック
OK
キャンセル
❹ クリック
❺ VBEが開いた
Microsoft Visual Basic for Applications - SampleData
ファイル(F) 編集(E) 表示(V) 挿入(I) デバッグ(D) 実行(R) ヘルプ(H)
プロジェクト - SampleData
acwzmain (ACWZMAIN)
SampleData (SampleData)
Microsoft Access クラス オブジェクト
Form_販売データ
Form
Option Compare Database
Option Explicit
Private Sub Form_BeforeUpdate(Cancel As Integer)
End Sub
「更新前処理」で
動くまとまり

VBAで、条件分岐した処理を書いてみる

「Form_BeforeUpdate」の中身を書いてみよう。最初にやりたいことを書き出してみる。次の3つだ。

1. 保存の可否を問う
2. 「はい」なら保存
3. 「いいえ」なら更新をキャンセルして、フォーム上のデータを元に戻す

1の可否を問うためにメッセージボックスを表示し、「はい」「いいえ」のどちらのボタンをクリックされたかを調べる。これは、左ページの例の1行目のように書く。1行目と4行目にある「If～End If」は、条件分岐の書き方で、1行目の条件を満たしたとき、つまり「いいえ」をクリックされたときは、「If～End If」の間にある2、3行目を実行し、「はい」の場合は2、3行目を無視して4行目に飛ぶ。

なお、「何もしなければ自動で保存される」ので、「はい」をクリックされたときには特別な処理を行う必要はない。

1度保存し、「販売データ」フォームでデータを変更して、レコードを移動してみよう。これで、意図せずデータが更新されるのを防げるようになった。

条件分岐

「更新前に動く」まとまり

「もし」メッセージボックスで「いいえ」がクリックされたら

```
Private Sub Form_BeforeUpdate(Cansel As Integer)
❶ If MsgBox ("変更を保存しますか？", vbYesNo) = vbNo Then
❷     Cansel = True
❸     Me.Undo
❹ End If
End Sub
```

❷ 更新をキャンセル

❸ データを元に戻す

❹ 「もし」の処理はここまで

ここまでが「更新前に動く」まとまり

- 動作検証

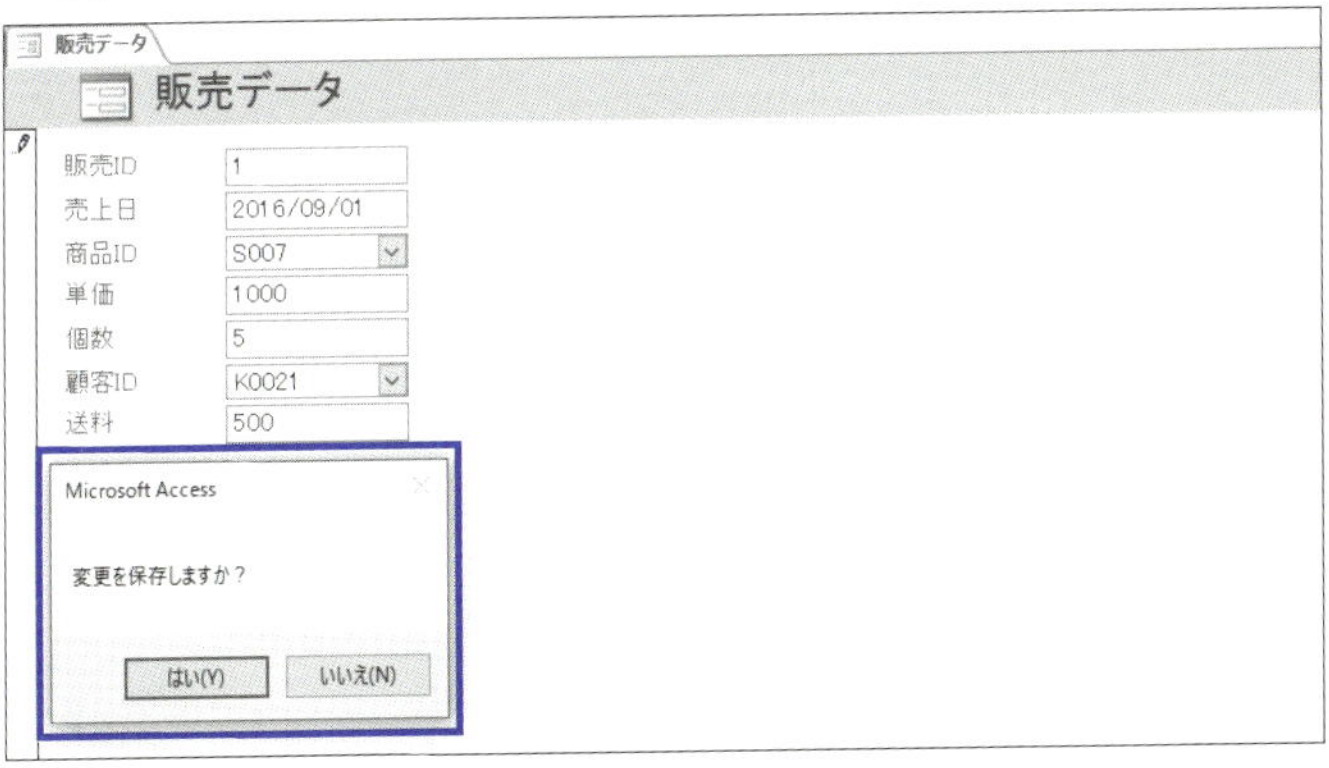

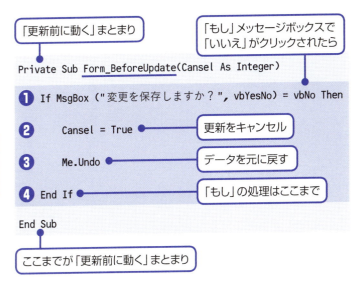

SECTION 28

サンプルアプリケーションの解説

メインフォームと入力フォーム

ダウンロードできるサンプルアプリケーションは、ファイルを開くと自動で「メインフォーム」が開くようになっている。これはファイルを開いた時に実行される「AutoExec」というマクロで設定してある。

「メインフォーム」には「入力」「集計」「印刷」と3つに分類した機能があり、「印刷」の機能は144〜147ページで解説したマクロだ。「入力」の機能は、「販売入力」をクリックして呼び出される「販売データ」フォームで処理される。

「販売データ」フォームには、データの「保存」「削除」「キャンセル」用の各ボタンがあり、加えて、選択されているレコードを指定して「納品書」レポートを開くボタンも付属してある。

VBAでは、150〜151ページで解説した更新前に保存の可否を問うプログラムのほか、「商品ID」のコンボボックスが変更されたときに「単価」と「数量」が自動で記入されるプログラムなどが実装されている。

プラスα

フォームの仕様

- メインフォーム

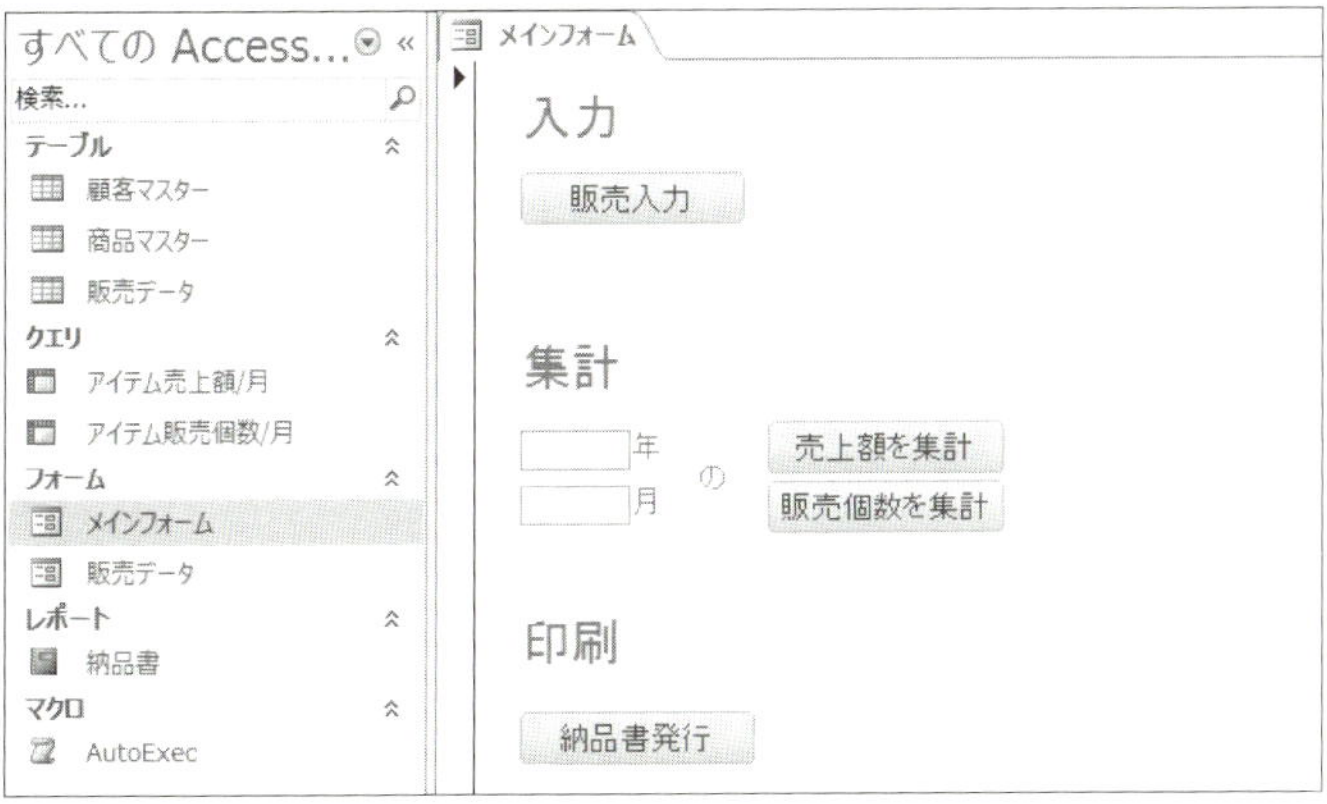

- 販売データフォーム

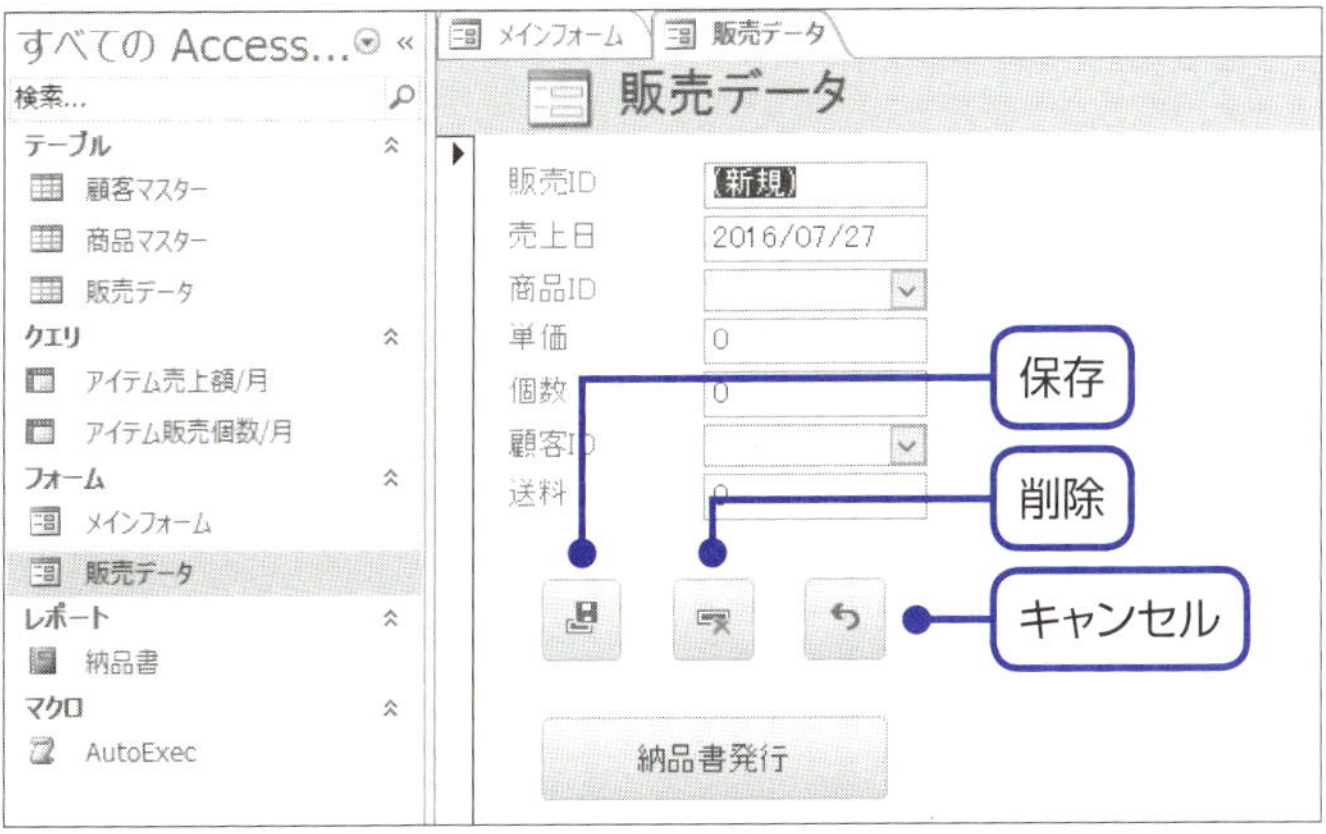

メインフォームで値を指定してクエリを実行する

メインフォームの「集計」部分では、年と月をテキストボックスに入力して「売上額を集計」「販売個数を集計」のどちらかのボタンをクリックすると、あらかじめ作成してあるクエリを実行するＶＢＡが設定してある。このクエリは「デザインビュー」上の「売上日」フィールドの「年」「月」の抽出条件が、それぞれメインフォームのテキストボックスと連動しているので、左ページの例のような結果が得られる。

マクロでの動作設定は、ＶＢＡの知識がなくてもかんたんに設定できる反面、複雑な処理は設定しにくい。左ページの例のような、「テキストボックスが空欄だった場合」、「数値ではないものが入っていた場合」、「年／月として認識できない数値だった場合」、「該当のデータが存在しない場合」など、多くのエラーを想定し対処しなければならない場合は、ＶＢＡを使ったほうが細やかな処理を実現しやすい。

マクロやＶＢＡを使ったアクセスのアプリケーションは、業務改善能力が非常に高い。プログラムの苦手意識があるならば、まずは自分の仕事に取り入れられる小さい業務部分の改善から取り組んでいこう。

マクロでクエリを実行

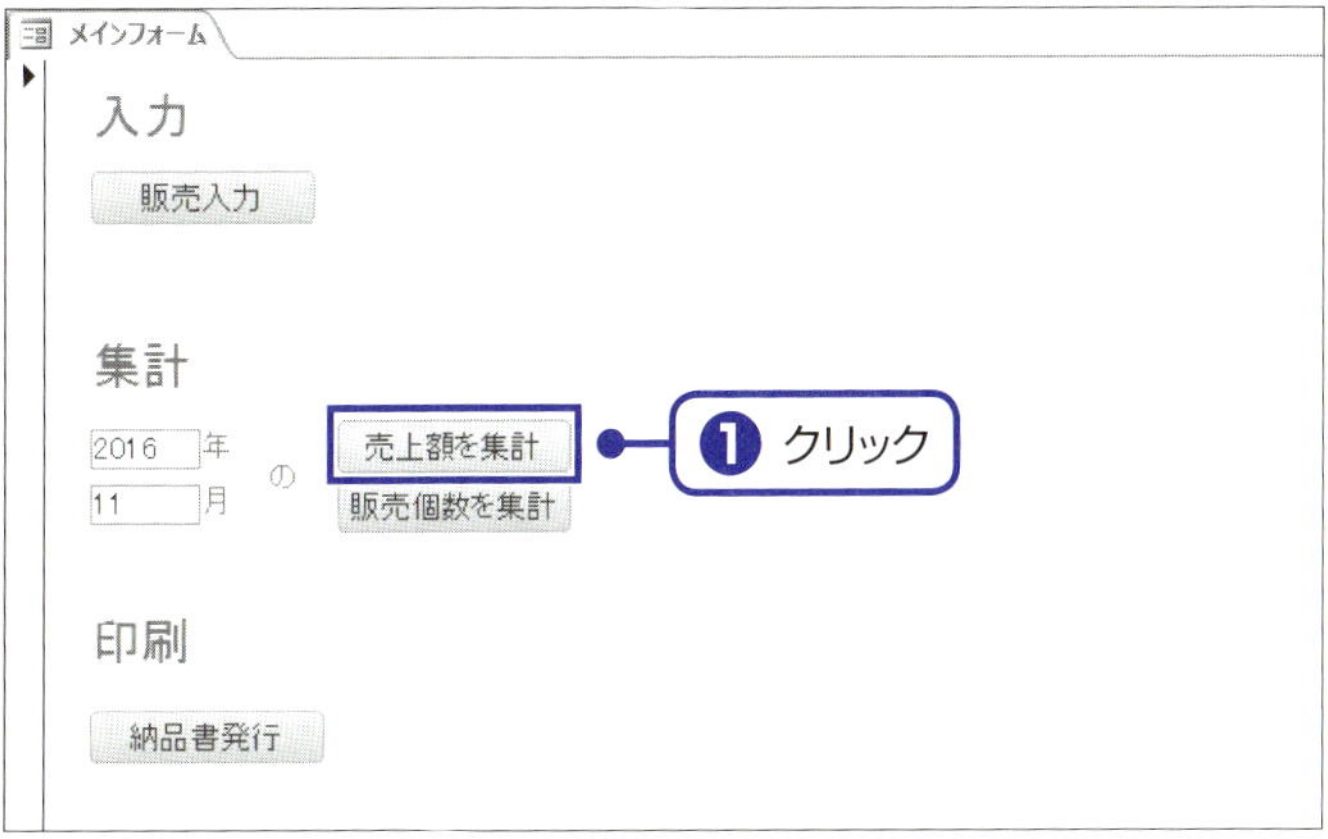
メインフォーム
入力
販売入力
集計
2016 年
11 月
の
売上額を集計
販売個数を集計
❶ クリック
印刷
納品書発行

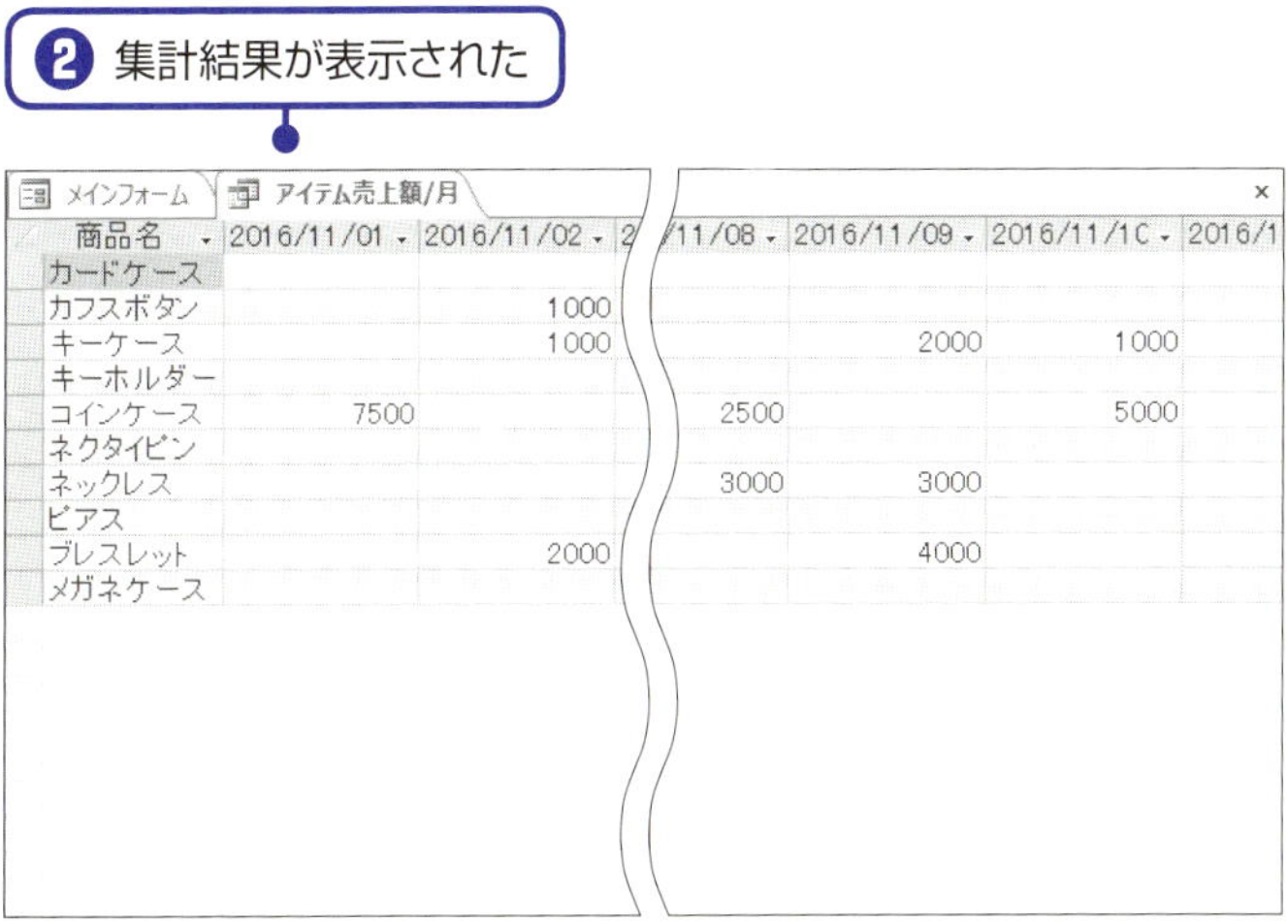
❷ 集計結果が表示された
メインフォーム
アイテム売上額/月
商品名
2016/11/01
2016/11/02
2016/11/08
2016/11/09
2016/11/10
カードケース
カフスボタン 1000
キーケース 1000 2000 1000
キーホルダー
コインケース 7500 2500 5000
ネクタイピン
ネックレス 3000 3000
ピアス
ブレスレット 2000 4000
メガネケース

●あとがき

「よくわからないけど、データベースというものを使ってみたい」と考えている方にとって、アクセスは取り組みやすいデータベースソフトです。

低コストで手軽に導入できるうえ機能性も非常に高いため、専用サーバーを用意して使う一般的なデータベースシステムに比べれば、驚くほど身近な存在です。

ただ、ほかのマイクロソフトオフィスソフトに比べるとやや難解で、チャレンジしてみたものの、わからなくて諦めてしまったという方は少なくありません。

エクセルをはじめとしたほかのオフィスシリーズは、わからなくとも実際にさわって動かしてみることで使い方が直感的に理解できて、使えるようになったという経験を持つ人が多いかもしれません。

しかし、アクセスはデータベースソフトなので、「何ができるのか」という「概念に対する理解」、「テーブル」「クエリ」「レポート」「フォーム」といった「しくみに対する理解」が必要です。かつ、そのうえで「何を作りたいのか」という「自分の思い描くものに対する理解」が具体的に定まってないと、手を動かすことができません。また、アクセスの豊富すぎる機能が、入門者の心理的な足枷になることもあるでしょう。

そこで本書では、1章で全体的なお話をしたのち、2章で「テーブル」「クエリ」「レポート」という最低限の機能だけを使った、個人で利用するデータベースの作成について解説しているので、まずはそこからはじめてみましょう。

それができて操作にも慣れてきたら、さらにステップアップを目指して3章のように「フォーム」や「マクロ」を加えて、アプリケーションとしての機能を拡張していく、という順番で勉強していくのがおすすめです。

アクセスは、VBAまで含めると驚くほど高機能なシステムを作ることができますが、それも基礎の部分の理解ができたうえで成り立つことです。データベースという奥の深いテーマの勉強をはじめる最初の一歩として、本書がお役に立つことができたら幸いです。

今村　ゆうこ

●な・は行

●ま行

●や・ら行

索引

お問い合わせについて

本書に関するご質問については、本書に記載されている内容に関するもののみとさせていただきます。本書の内容と関係のないご質問につきましては、一切お答えできませんので、あらかじめご了承ください。また、電話でのご質問は受け付けておりませんので、必ずFAXか書面にて下記までお送りください。
なお、ご質問の際には、必ず以下の項目を明記していただきますようお願いいたします。

1 お名前
2 返信先の住所またはFAX番号
3 書名
（スピードマスター　1時間でわかる
Accessデータベース超入門
ひとりでデータベースを構築できる！）
4 本書の該当ページ
5 ご使用のOSとソフトウェアのバージョン
6 ご質問内容

なお、お送りいただいたご質問には、できる限り迅速にお答えできるよう努力いたしておりますが、場合によってはお答えするまでに時間がかかることがあります。また、回答の期日をご指定なさっても、ご希望にお応えできるとは限りません。あらかじめご了承くださいますよう、お願いいたします。ご質問の際に記載いただきました個人情報は、回答後速やかに破棄させていただきます。

問い合わせ先

〒162-0846
東京都新宿区市谷左内町21-13
株式会社技術評論社　書籍編集部
「スピードマスター　1時間でわかる
Accessデータベース超入門
ひとりでデータベースを構築できる！」
質問係
FAX：03-3513-6167
URL：https://book.gihyo.jp

■ お問い合わせの例

FAX

1 お名前
技術　太郎
2 返信先の住所またはFAX番号
03-XXXX-XXXX
3 書名
スピードマスター　1時間でわかる
Accessデータベース超入門
ひとりでデータベースを構築できる！
4 本書の該当ページ
112ページ
5 ご使用のOSとソフトウェアのバージョン
Windows 10
Access 2016
6 ご質問内容
レポートウィザードが表示されない

スピードマスター　1時間《じかん》でわかる
Access《アクセス》データベース超入門《ちょうにゅうもん》
ひとりでデータベースを構築《こうちく》できる！

2017年1月25日　初版　第1刷発行
2022年9月23日　初版　第4刷発行

著　者●今村《いまむら》ゆうこ
発行者●片岡　巌
発行所●株式会社　技術評論社
東京都新宿区市谷左内町21-13
電話　03-3513-6150　販売促進部
03-3513-6160　書籍編集部
編集●土井　清志
装丁／本文デザイン●クオルデザイン　坂本真一郎
DTP●技術評論社　制作業務部
製本／印刷●株式会社　加藤文明社

定価はカバーに表示してあります。

ISBN978-4-7741-8615-3 C3055
Printed in Japan